高职高专"十三五"规划教材

U0672847

Gao Deng Shu Xue

高等数学

（下册）

高　华　主编

龚和林　王红玉　副主编

ZHEJIANG UNIVERSITY PRESS
浙江大学出版社

内容提要

  "高等数学"是理工科专业的一门重要的基础理论课程,它不仅培养学生的创新思维能力,而且还要为学生学习后继课程和解决实际问题提供必不可少的数学基础知识及常用的数学方法。本教材以教育部《关于全面提高高等职业教育教学质量的若干意见》(教高〔2006〕16号)和教育部为推动高等职业教育创新发展印发的《高等职业教育创新发展行动计划(2015—2018年)》(教职成〔2015〕9号)为指导,根据高职院校高等数学的教学目标和社会对高职学生的职业能力要求,并结合浙江工业职业技术学院四年制高职本科试点专业——机械设计制造及其自动化(数控技术)的专业特点,大量引入了教学与应用实例,强化了"自我学习、信息处理、数字应用、解决问题、创新"等职业核心能力的培养,以期达到培养高职本科专业学生综合应用数学的能力和建立数学模型能力,力争培养学生的科学计算能力和利用计算机分析处理实际问题的能力.

  本教材内容主要包含常微分方程、无穷级数、多元函数微分学及其应用、二重积分及其应用以及空间解析几何与向量代数共五章内容,每一章从学习基础理论和解决实际问题两个角度,即从理论和应用两方面对高等数学知识进行全面的讲解,知识结构设置由易到难,逻辑清晰.首先学习相关概念,了解理论知识;再通过例题讲解,诠释理论;最后通过总结归纳来巩固要点,完善理论体系.

  本教材结构严谨、逻辑清晰、例题较多、可读性强,有利于教师教学,方便学生的自我学习、自我提高和自我创新,可供高职高专等工科专业学生使用.

前　言

　　本教材依照教育部《高职高专教育专业人才培养目标及规格》及《高职高专教育高等数学课程教学基本要求》，结合高职高专教学改革的经验及新时期高等职业本科教育对数学基础课的教学要求进行编写.

　　本教材以知识内容"必需、够用"为原则，以培养学生"可持续发展"为目的，综合吸收大量优质教材的特点，力求通俗、简洁与高效，力求符合高职相应层次学生的数学基础及学习心理，便于学生对高等数学的学习、理解及应用；选题重基础，注意覆盖面；强化基本理论、方法和技能的训练，以此夯实基础；对提高运用数学知识及思维方法的能力起到一定的促进作用.

　　本教材(下册)由浙江工业职业技术学院高华任主编，龚和林、王红玉任副主编.其中第7～8章由王红玉编写，第9～10章由龚和林编写，第11章由高华编写.本书在编写过程中，得到了浙江大学出版社有关老师的指导和大力支持，在此表示感谢.

　　本书疏漏之处在所难免，敬请广大专家、教师和读者提出宝贵意见和建议，以便我们不断予以完善.

编　者

2016 年 10 月

目　录

第 7 章　常微分方程

前　言

　　常微分方程是高等数学的一个重要分支,它的形成和发展与力学、天文学、物理学以及其他科学技术的发展密切相关.利用常微分方程可以解决很多几何、力学以及物理学等方面的问题.本章将介绍常微分方程的基本概念和一些常见的简单微分方程及其解法.

教学知识

1. 微分方程的基本概念;
2. 一阶线性微分方程,可分离变量的微分方程;
3. 二阶线性微分方程.

重点难点

　　重点:可分离变量的微分方程、一阶线性微分方程;
　　　　二阶线性微分方程.
　　难点:分离变量法、常数变易法.

§7.1　微分方程的概念

　　微分方程是含有未知函数导数或微分的等式,是描述客观事物的数量关系的一种重要数学模型,是数学联系实际的重要渠道之一,是人们利用数学理论知识解决实际问题必不可少的重要工具.

7.1.1　两个引例

　　【引例1】　设某一平面曲线上任意一点(x,y)处的切线斜率等于该点横坐标x的 2 倍,且曲线通过点$(1,4)$,求该曲线方程.

　　解　设所求曲线方程为$y = f(x)$,由导数的几何意义可得

$$y' = 2x \tag{7-1}$$

等式两边积分$\int y' \mathrm{d}x = \int 2x \mathrm{d}x$,求积分得

$$y = x^2 + c \tag{7-2}$$

又因为曲线满足$f(1) = 4$,代入上式得$c = 3$,因此,所求的曲线方程为

$$y = x^2 + 3 \tag{7-3}$$

【引例 2】 列车在直线轨道上以 20m/s 的速度行驶,制动时列车获得的加速度为 $-0.4\,\mathrm{m/s^2}$,求列车制动后的运动方程.

解 设制动后列车的运动方程为 $s = s(t)$,由二阶导数的物理学意义可知

$$s'' = -0.4 \tag{7-4}$$

等式两边积分 $\int s'' \mathrm{d}t = \int (-0.4)\mathrm{d}t$,得

$$s' = -0.4t + c_1 \tag{7-5}$$

再积分 $\int s' \mathrm{d}t = \int (-0.4t + c_1)\mathrm{d}t$,得

$$s = -0.2t^2 + c_1 t + c_2 \tag{7-6}$$

同时,函数 $s = s(t)$ 还应满足下列条件:

$$s\Big|_{t=0} = 0, \quad v = \frac{\mathrm{d}s}{\mathrm{d}t}\Big|_{t=0} = 20 \tag{7-7}$$

把上述条件分别代入 s, s',得 $c_1 = 20$,$c_2 = 0$,因此,列车制动后的运动方程为

$$s = -0.2t^2 + 20t \tag{7-8}$$

上述两个引例中,式(7-1)、(7-4)、(7-5)都是含有未知函数的导数的方程,我们称它们为微分方程.下面介绍微分方程的一些基本概念.

7.1.2 微分方程的基本概念

定义 7.1 含有未知函数的导数(或微分)的方程,称为**微分方程**.若未知函数是一元函数,这样的微分方程称为**常微分方程**,本章我们只讨论常微分方程,故以后所述微分方程即为常微分方程.

定义 7.2 微分方程中所含未知函数导数的最高阶数,称为微分方程的**阶**.

例如,方程 $\dfrac{\mathrm{d}y}{\mathrm{d}x} = x^2$,$y' + xy = \mathrm{e}^x$ 和 $2xy' - x\ln x = 0$ 都是一阶微分方程,方程 $\dfrac{\mathrm{d}^2 s}{\mathrm{d}t} = -0.4$ 和 $y'' - 3y' + 2y = x^2$ 都是二阶微分方程.

一般地,n 阶微分方程表示为 $F(y^{(n)}, y^{(n-1)}, \cdots, y'', y', y, x) = 0$,其中方程中必须含有 $y^{(n)}$ 这一项,其他各项方程中可以有,也可以没有.

定义 7.3 如果把一个函数 $y = f(x)$ 代入微分方程后,能使方程成为恒等式,则称该函数为该微分方程的**解**.

定义 7.4 若微分方程的解中含有独立的任意常数,且独立的任意常数的个数与方程的阶数相同,则称这样的解为该微分方程的**通解**.通解中的任意常数每取一组特定的值所得到的解,叫作该微分方程的一个**特解**.

例如,在引例中(7-2)式是(7-1)式的通解,(7-6)式是(7-4)式的通解;(7-3)式是(7-1)式的特解,(7-8)式是(7-4)式的特解.

定义 7.5 未知函数及其各阶导数在某个特定点的值作为确定通解中任意常数的条件,称为该微分方程的**初始条件**,微分方程的特解也就是满足初始条件的微分方程的解.

例如,在引例 1 中,$y\Big|_{x=1}$ 确定了通解 $y = x^2 + c$ 中的常数 $c = 3$,我们把条件 $y\Big|_{x=1} = 4$

叫作方程(7-1)的初始条件.在引例 2 中,$s\Big|_{t=0}=0,v=\dfrac{\mathrm{d}s}{\mathrm{d}t}\Big|_{t=0}=20$ 是方程(7-4)相应的初始条件.

【例 1】　验证函数 $y=C_1\cos x+C_2\sin x$ 是微分方程 $y''+y=0$ 的通解,并求满足初始条件 $y\mid_{x=0}=1,y'\mid_{x=0}=-1$ 的特解.

解　因为 $y=C_1\cos x+C_2\sin x$,所以
$$y'=-C_1\sin x+C_2\cos x,\ y''=-C_1\cos x-C_2\sin x.$$

将 y,y',y'' 代入原方程 $y''+y=0$ 中,得
$$-C_1\cos x-C_2\sin x+C_1\cos x+C_2\sin x=0,$$
故函数 $y=C_1\cos x+C_2\sin x$ 是方程 $y''+y=0$ 的解.又因为这个解中含有独立的任意常数的个数和方程 $y''+y=0$ 的阶数都是 2,故为通解.

将初始条件 $y\mid_{x=0}=1,y'\mid_{x=0}=-1$ 分别代入 y,y',得 $C_1=1,C_2=-1$.

所以 $y''+y=0$ 满足初始条件的特解是 $y=\cos x-\sin x$.

▶▶▶▶ **习题 7.1** ◀◀◀◀

1. 指出下列各微分方程的阶数:

(1)$x(y')^2+2yy'+x=1$;

(2)$x^2(y'')-2xy'+x=0$;

(3)$x^3y'''-x^2y''-4\times y'=\sin x$;

(4)$(x^2+1)\mathrm{d}y-\mathrm{d}x=0$;

(5)$y^{(5)}+\cos y+4x=0$;

(6)$y^{(5)}-5x^2y'=0$.

2. 判断下列各题中的函数是否为所给微分方程的解:

(1)$xy'=2y,y=5x^2$;

(2)$y''+y=0,\ y=3\sin x-4\cos x$;

(3)$y''-2y'+y=0,\ y=x^2\mathrm{e}^x$;

(4)$y''-(\lambda_1+\lambda_2)y'+\lambda_1\lambda_2y=0,\ y=C_1\mathrm{e}^{\lambda_1 x}+C_2\mathrm{e}^{\lambda_2 x}$.

3. 求下列微分方程的解:

(1)$\dfrac{\mathrm{d}y}{\mathrm{d}x}=\dfrac{1}{x}$;

(2)$y'=3x,y\mid_{x=0}=2$.

4. 验证:$y=\dfrac{c^2-x^2}{2x}$(c 为常数)是否为 $(x+y)\mathrm{d}x+x\mathrm{d}y=0$ 的通解.

5. 一曲线通过点 $(1,2)$,且曲线上任意一点 $P(x,y)$ 处切线斜率为 $3x^2$,求此曲线方程.

§7.2　一阶微分方程

一阶微分方程的一般形式为 $F(y',y,x)=0$,对于一般的一阶微分方程是没有统一的

解法的. 本节介绍两类特殊的一阶微分方程及其解法.

7.2.1 可分离变量的微分方程

定义 7.6 形如

$$\frac{\mathrm{d}y}{\mathrm{d}x} = f(x)g(y) \tag{7-9}$$

的微分方程,叫作**可分离变量的微分方程**.

可分离变量的微分方程用分离变量法来求解,求解过程如下:

对方程 $\frac{\mathrm{d}y}{\mathrm{d}x} = f(x)g(y)$ 分离变量,得

$$\frac{\mathrm{d}y}{g(y)} = f(x)\mathrm{d}x ,$$

两边同时积分

$$\int \frac{\mathrm{d}y}{g(y)} = \int f(x)\mathrm{d}x .$$

求出积分,得微分方程(7-9)的通解为

$$G(y) = F(x) + C .$$

其中 $G(y), F(x)$ 分别是 $\frac{1}{g(y)}, f(x)$ 的某个原函数.

【例 1】 求下列微分方程的通解.

(1) $\dfrac{\mathrm{d}y}{\mathrm{d}x} = 2xy$; (2) $y' = \dfrac{3+y}{3-x}$.

解(1) 微分方程分离变量可得 $\dfrac{\mathrm{d}y}{y} = 2x\mathrm{d}x$,

两边积分 $\int \dfrac{1}{y}\mathrm{d}y = \int 2x\mathrm{d}x$,

得 $\ln|y| = x^2 + c_1$,所以 $|y| = \mathrm{e}^{x^2+c_1}$,故 $y = \pm\,\mathrm{e}^{c_1} \cdot \mathrm{e}^{x^2} = c\mathrm{e}^{x^2}$ $(c = \pm\,\mathrm{e}^{c_1})$.

所以,原微分方程的通解为 $y = c\mathrm{e}^{x^2}$,其中 c 为任意常数($c = 0$ 时,得 $y = 0$ 是特解).

(2) 微分方程分离变量可得 $\dfrac{\mathrm{d}y}{3+y} = \dfrac{\mathrm{d}x}{3-x}$,

两边积分 $\int \dfrac{\mathrm{d}y}{3+y} = \int \dfrac{\mathrm{d}x}{3-x}$,

得 $\ln|3+y| = -\ln|3-x| + \ln|c|$,即 $\ln|(3+y)(3-x)| = \ln|c|$.

所以 $(3+y)(3-x) = c$ 是原微分方程的通解.

【说明】 微分方程的解可能是显函数,也可能是隐函数,本题的通解是隐函数.

【例 2】 求 $2x\sin y\mathrm{d}x + (x^2+1)\cos y\mathrm{d}y = 0$ 满足 $y\,|_{x=1} = \dfrac{\pi}{2}$ 的解.

解 微分方程分离变量可得 $\dfrac{\cos y}{\sin y}\mathrm{d}y = -\dfrac{2x}{1+x^2}\mathrm{d}x$,

所以 $\sin y = \dfrac{c}{1+x^2}$, 即 $y = \arcsin\dfrac{c}{1+x^2}$.

又 $y\,|_{x=1} = \dfrac{\pi}{2}$,得 $c = 2$. 所以,所求特解为 $y = \arcsin\dfrac{2}{1+x^2}$.

【例 3】　求微分方程 $\dfrac{\mathrm{d}y}{\mathrm{d}x} = y^2 \cos x$ 满足初始条件 $y\,|_{x=0} = 1$ 的特解.

解　微分方程分离变量可得

$$\frac{\mathrm{d}y}{y^2} = \cos x \mathrm{d}x,$$

两边积分,得

$$-\frac{1}{y} = \sin x + c,$$

所以得通解为 $y = -\dfrac{1}{\sin x + c}$,

将 $y\,|_{x=0} = 1$ 代入以上通解得 $c = -1$.

所以,所求特解为 $y = \dfrac{1}{1 - \sin x}$.

7.2.2　一阶线性微分方程

定义 7.7　形如

$$\frac{\mathrm{d}y}{\mathrm{d}x} + P(x)y = Q(x) \tag{7-10}$$

的微分方程称为**一阶线性微分方程**.

当 $Q(x) \equiv 0$ 时,即

$$\frac{\mathrm{d}y}{\mathrm{d}x} + P(x)y = 0 \tag{7-11}$$

称为**一阶线性齐次微分方程**. 当 $Q(x) \neq 0$ 时,则称为**一阶线性非齐次微分方程**.

【说明】　线性微分方程是指微分方程中未知函数 y 及 y 的各阶导数都是以一次幂的形式出现.

例如,方程 $y' + \dfrac{1}{x}y = \cos x$ 是一阶线性非齐次微分方程,它所对应的线性齐次微分方程是 $y' + \dfrac{1}{x}y = 0$. 而方程 $\dfrac{\mathrm{d}y}{\mathrm{d}x} = x^2 + 3y^2$,$(y')^3 + xy = \mathrm{e}^x$,$yy' + xy = 0$ 等,虽然都是一阶微分方程,但都不是线性微分方程.

下面讨论一阶线性齐次微分方程 $\dfrac{\mathrm{d}y}{\mathrm{d}x} + P(x)y = 0$ 的解法. 不难看出,它是可分离变量的微分方程,分离变量得

$$\frac{\mathrm{d}y}{y} = -P(x)\mathrm{d}x,$$

两边积分,并把任意常数写成 $\ln|C|$ 的形式,得

$$\ln|y| = -\int P(x)\mathrm{d}x + \ln|C|,$$

化简后即得一阶线性齐次微分方程的通解为

$$y = C\mathrm{e}^{-\int P(x)\mathrm{d}x}. \tag{7-12}$$

为了求非齐次方程(7-10)的通解,我们采用微分方程中常用的**"常数变易法"**,即将(7-12)式中的常数 C 用函数 $C(x)$ 代替. 因此,我们设方程(7-10)的通解为

$$y = C(x)\mathrm{e}^{-\int P(x)\mathrm{d}x} \tag{7-13}$$

为进一步求出 $C(x)$，我们将 $y = C(x)\mathrm{e}^{-\int P(x)\mathrm{d}x}$ 代入方程(7-10)，即

$$\left[C(x)\mathrm{e}^{-\int P(x)\mathrm{d}x} \right]' + P(x)C(x)\mathrm{e}^{-\int P(x)\mathrm{d}x} = Q(x)$$

整理得

$$C'(x) = Q(x)\mathrm{e}^{\int P(x)\mathrm{d}x},$$

两边积分，得

$$C(x) = \int Q(x)\mathrm{e}^{\int P(x)\mathrm{d}x}\mathrm{d}x + C,$$

将 $C(x)$ 代入(7-13)式，即得微分方程(7-10)的通解为

$$y = \mathrm{e}^{-\int P(x)\mathrm{d}x}\left[\int Q(x)\mathrm{e}^{\int P(x)\mathrm{d}x}\mathrm{d}x + C \right] \tag{7-14}$$

或

$$y = C\mathrm{e}^{-\int P(x)\mathrm{d}x} + \mathrm{e}^{-\int P(x)\mathrm{d}x}\int Q(x)\mathrm{e}^{\int P(x)\mathrm{d}x}\mathrm{d}x \tag{7-15}$$

公式(7-14)或(7-15)称为一阶线性非齐次微分方程(7-10)的通解，公式中的不定积分不再含任意常数 C，因为任意常数 C 在公式推导过程中已经被单独列出来了.

【例 4】 求下列微分方程的通解.

(1) $\dfrac{\mathrm{d}y}{\mathrm{d}x} + \dfrac{y}{x} = \dfrac{\sin x}{x}$；(2) $y' = \dfrac{y + x\ln x}{x}$；(3) $\dfrac{\mathrm{d}y}{\mathrm{d}x} = \dfrac{y}{x + y^3}$.

解(1) 原微分方程中 $\quad P(x) = \dfrac{1}{x}$，$Q(\dot{x}) = \dfrac{\sin x}{x}$，

所以通解

$$\begin{aligned}
y &= \left[\int \frac{\sin x}{x}\mathrm{e}^{\int \frac{1}{x}\mathrm{d}x}\mathrm{d}x + c \right] \cdot \mathrm{e}^{-\int \frac{1}{x}\mathrm{d}x} \\
&= \left[\int \frac{\sin x}{x}\mathrm{e}^{\ln x}\mathrm{d}x + c \right] \cdot \mathrm{e}^{-\ln x} \\
&= \left[\int \frac{\sin x}{x}x\,\mathrm{d}x + c \right]\frac{1}{x} \\
&= \frac{1}{x}(-\cos x + c),
\end{aligned}$$

即所求通解为

$$y = \frac{c - \cos x}{x}.$$

(2) 原微分方程可化为 $\quad y' - \dfrac{1}{x}y = \ln x$，

通解

$$\begin{aligned}
y &= \left[\int \ln x \cdot \mathrm{e}^{-\int \frac{1}{x}\mathrm{d}x}\mathrm{d}x + c \right]\mathrm{e}^{\int \frac{1}{x}\mathrm{d}x} \\
&= \left[\int \ln x \cdot \frac{1}{x}\mathrm{d}x + c \right] \cdot x \\
&= x\left[\int \ln x\,\mathrm{d}\ln x + c \right] = x\left[\frac{1}{2}\ln^2 x + c \right],
\end{aligned}$$

即所求通解为

$$y = \frac{x}{2}\ln^2 x + cx.$$

(3) 原微分方程可化为 $\quad \dfrac{\mathrm{d}x}{\mathrm{d}y} - \dfrac{1}{y}x = y^2$，

通解
$$x = \left[\int y^2 e^{-\int \frac{1}{y} dy} dy + c\right] \cdot e^{\int \frac{1}{y} dy}$$

$$= y\left(\frac{1}{2} y^2 + c\right),$$

即所求通解为
$$x = \frac{y^3}{2} + cy .$$

【例 5】　求微分方程 $\dfrac{dy}{dx} - \dfrac{2}{x+1} y = (x+1)^3$，满足初始条件 $y\mid_{x=0} = 2$ 的特解.

解　对照方程 (7-10)，知 $P(x) = -\dfrac{2}{x+1}$，$Q(x) = (x+1)^3$，代入公式 (7-14)，得

$$y = e^{\int \frac{2}{x+1} dx}\left[\int (x+1)^3 e^{\int \frac{-2}{x+1} dx} dx + C\right],$$

即得所求方程的通解为

$$y = \left(\frac{1}{2} x^2 + x + C\right)(x+1)^2,$$

将所给初始条件 $y\mid_{x=0} = 2$ 代入上面的通解中，得 $C = 2$，故得所求特解为

$$y = \left(\frac{1}{2} x^2 + x + 2\right)(x+1)^2.$$

总结：一阶微分方程的几种常见类型及其解法如表 7-1 所示.

表 7-1　一阶微分方程的几种常见类型及其解法

方程类型	方程	解法
可分离变量的微分方程	$\dfrac{dy}{dx} = f(x)g(y)$	将不同变量分离到方程两边，然后积分 $\int \dfrac{dy}{g(y)} = \int f(x) dx$
一阶线性齐次微分方程	$\dfrac{dy}{dx} + P(x)y = 0$	分离变量，两边积分或用公式 $y = C e^{-\int P(x) dx}$
一阶线性非齐次微分方程	$\dfrac{dy}{dx} + P(x)y = Q(x)$	常数变易法或通解公式法 $y = e^{-\int P(x) dx}\left[\int Q(x) e^{\int P(x) dx} dx + C\right]$

▶▶▶▶ 习题 7.2 ◀◀◀◀

1. 判断下列微分方程是否为线性方程：

(1) $x(y')^2 - 2yy' + x = 0$；

(2) $y'' + y' - 10y = 3x^2 + 1$；

(3) $y^{(5)} + \cos y + 4x = 0$；

(4) $y^{(5)} - 5x^2 y' = 1$.

2. 求下列可分离变量微分方程的解:

(1) $\dfrac{\mathrm{d}y}{\mathrm{d}x} = x^2 y^2$;

(2) $\dfrac{\mathrm{d}y}{\mathrm{d}x} = \dfrac{y}{\sqrt{1-x^2}}$;

(3) $\dfrac{\mathrm{d}y}{\mathrm{d}x} = (1+x+x^2)y$;

(4) $y' = \mathrm{e}^{2x-y}$, $y|_{x=0} = 1$;

(5) $x\mathrm{d}y + 3y^2\mathrm{d}x = 0$, $y|_{x=1} = 1$.

3. 求下列一阶线性微分方程的解:

(1) $y' + y = \mathrm{e}^{-2x}$;

(2) $y' + \dfrac{y}{x} = \dfrac{\sin x}{x}$, $y|_{x=\pi} = 1$.

§7.3 二阶常系数线性齐次微分方程

在工程及物理问题中,遇到的高阶方程很多都是线性方程,本节我们介绍二阶常系数线性齐次微分方程及其解法.

定义 7.8 我们把形如

$$y'' + py' + qy = 0 \tag{7-16}$$

的微分方程叫作**二阶常系数线性齐次微分方程**,其中 p, q 均为常数.

7.3.1 二阶常系数线性齐次微分方程解的叠加原理

首先我们给出线性相关和线性无关的定义.

定义 7.9 设有函数 y_1, y_2,若 $\dfrac{y_1}{y_2} \equiv$ 常数,则称 y_1 与 y_2 **线性相关**;若 $\dfrac{y_1}{y_2} \neq$ 常数,则称 y_1 与 y_2 **线性无关**.

所以例如 $y_1 = 2\sin x$, $y_2 = \sin x$,因为 $\dfrac{y_1}{y_2} = \dfrac{2\sin x}{\sin x} = 2$,所以 y_1 与 y_2 线性相关.

再如,$y_1 = \mathrm{e}^{2x}$, $y_2 = \mathrm{e}^{3x}$,因为 $\dfrac{y_1}{y_2} = \dfrac{\mathrm{e}^{2x}}{\mathrm{e}^{3x}} = \mathrm{e}^{-x} \neq$ 常数,所以 y_1 与 y_2 线性无关.

定理 7.1 若函数 y_1 与 y_2 是二阶常系数线性齐次微分方程(7-16)的两个解,那么 $y = C_1 y_1 + C_2 y_2$ 也是方程(7-16)的解,其中 C_1, C_2 是任意常数;当 y_1 与 y_2 线性无关时,则 $y = C_1 y_1 + C_2 y_2$ 是方程(7-16)的通解.

证明(略).

例如,函数 $y_1 = \sin x$ 和 $y_2 = \cos x$ 都是方程 $y'' + y = 0$ 的解,函数 $y = C_1\sin x + C_2\cos x$ 也是方程 $y'' + y = 0$ 的解.

又例如,容易验证 $y_1 = \mathrm{e}^x$ 与 $y_2 = x\mathrm{e}^x$ 是方程 $y'' - 2y' + y = 0$ 的两个特解,且 $\dfrac{y_1}{y_2} = \dfrac{\mathrm{e}^x}{x\mathrm{e}^x}$ $= \dfrac{1}{x} \neq$ 常数,即 y_1 与 y_2 是线性无关的. 因此,$y = C_1\mathrm{e}^x + C_2 x\mathrm{e}^x$ 就是方程 $y'' - 2y' + y = 0$ 的通解.

这个定理表明,二阶常系数线性齐次微分方程的解具有**可叠加性**.

7.3.2 二阶常系数线性齐次微分方程的解法

由定理 7.1 可知,要求方程 $y'' + py' + qy = 0$ 的通解,只需求它的两个线性无关的特解,再根据定理 7.1 即可写出通解.

从方程 (7-16) 的结构来看,它的特解可能具有如下特点:未知函数 y 与其一阶导数 y'、二阶导数 y'' 是倍数关系.也就是说,方程中的 y, y', y'' 具有相同的形式.而指数函数 $y = e^{rx}$ 恰好具有这种特点.因此,我们设 $y = e^{rx}$ 是方程 (7-16) 的解,并将 $y = e^{rx}$, $y' = re^{rx}$, $y'' = r^2 e^{rx}$ 代入方程 (7-16),整理得

$$(r^2 + pr + q)e^{rx} = 0.$$

因为 $e^{rx} \neq 0$,故必有

$$r^2 + pr + q = 0 \tag{7-17}$$

成立.由此可知,当 r 是一元二次方程 (7-17) 的根时,$y = e^{rx}$ 就是方程 (7-16) 的特解.

因此,求微分方程 (7-16) 的解的问题,归结为求代数方程 (7-17) 的根的问题.

定义 7.10 一元二次方程 $r^2 + pr + q = 0$ 叫作微分方程 $y'' + py' + qy = 0$ 的**特征方程**,特征方程的根叫作**特征根**.

下面将通过特征方程的根的不同情形,给出二阶常系数线性齐次微分方程的通解表达式.由于方程 (7-17) 是一元二次方程,它的根有三种情况,因此方程 (7-16) 的解也有三种情况.

(1) 当 $p^2 - 4q > 0$ 时,特征方程 (7-17) 有两个不相等的实根

$$r_1 = \frac{-p + \sqrt{p^2 - 4q}}{2}, \quad r_2 = \frac{-p - \sqrt{p^2 - 4q}}{2},$$

从而可得方程 (7-16) 的两个特解 $y_1 = e^{r_1 x}$, $y_2 = e^{r_2 x}$. 又因为 $\frac{y_1}{y_2} = \frac{e^{r_1 x}}{e^{r_2 x}} = e^{(r_1 - r_2)x} \neq$ 常数,所以 y_1 与 y_2 线性无关.因此,微分方程 (7-16) 的通解为 $y = C_1 e^{r_1 x} + C_2 e^{r_2 x}$.

(2) 当 $p^2 - 4q = 0$ 时,特征方程 (7-17) 有两个相等的实根 $r_1 = r_2 = r = -\frac{p}{2}$,此时,我们只得到微分方程 (7-16) 的一个特解 $y_1 = e^{rx}$.

为了求得微分方程 (7-16) 的通解,还需求出另一个特解 y_2,且要求 $\frac{y_2}{y_1} \neq$ 常数.为此,不妨设 $\frac{y_2}{y_1} = C(x)$,即 $y_2 = y_1 C(x) = e^{rx} C(x)$,其中 $C(x)$ 为待定函数.下面来求 $C(x)$,将

$$y_2 = C(x)e^{rx},$$
$$y'_2 = re^{rx}C(x) + e^{rx}C'(x) = e^{rx}[rC(x) + C'(x)],$$
$$y''_2 = re^{rx}[rC(x) + C'(x)] + e^{rx}[rC'(x) + C''(x)]$$
$$= e^{rx}[C''(x) + 2rC'(x) + r^2 C(x)]$$

代入方程 (7-16),整理后得

$$e^{rx}[C''(x) + (2r + p)C'(x) + (r^2 + pr + q)C(x)] = 0.$$

因为 $e^{rx} \neq 0$,且 $r = -\frac{p}{2}$ 是 $r^2 + pr + q = 0$ 的重根,故 $r^2 + pr + q = 0$, $2r + p = 0$,所以有 $C''(x) = 0$.两次积分后得,$C(x) = C_1 x + C_2$.

由于我们只要求 $\frac{y_2}{y_1} = C(x) \neq$ 常数,所以为简便起见,不妨取 $C_1 = 1$,$C_2 = 0$,得

$$C(x) = x,$$

从而得到方程(7-16)的另一个与 $y_1 = \mathrm{e}^{rx}$ 线性无关的特解为 $y_2 = xy_1 = x\mathrm{e}^{rx}$,因此微分方程(7-16)的通解为 $y = (C_1 + C_2 x)\mathrm{e}^{rx}$.

(3)当 $p^2 - 4q < 0$ 时,特征方程(7-17)有一对共轭复根

$$r_1 = \alpha + \mathrm{i}\beta, \; r_2 = \alpha - \mathrm{i}\beta,$$

其中,

$$\alpha = -\frac{p}{2}, \; \beta = \frac{\sqrt{4q - p^2}}{2} > 0,$$

这时,$y_1 = \mathrm{e}^{(\alpha+\mathrm{i}\beta)x}$ 与 $y_2 = \mathrm{e}^{(\alpha-\mathrm{i}\beta)x}$ 是微分方程(7-16)的两个解.为了得出实数解,由欧拉公式 $\mathrm{e}^{\mathrm{i}\theta} = \cos\theta + \mathrm{i}\sin\theta$,将 y_1 与 y_2 改写为

$$y_1 = \mathrm{e}^{\alpha x}(\cos\beta x + \mathrm{i}\sin\beta x), \; y_2 = \mathrm{e}^{\alpha x}(\cos\beta x - \mathrm{i}\sin\beta x).$$

由定理7.1,可知

$$\bar{y}_1 = \frac{1}{2}(y_1 + y_2) = \mathrm{e}^{\alpha x}\cos\beta x, \; \bar{y}_2 = \frac{1}{2\mathrm{i}}(y_1 - y_2) = \mathrm{e}^{\alpha x}\sin\beta x$$

是方程(7-16)的两个特解,且 $\dfrac{\bar{y}_1}{\bar{y}_2} = \dfrac{\mathrm{e}^{\alpha x}\cos\beta x}{\mathrm{e}^{\alpha x}\sin\beta x} \neq$ 常数,所以方程(7-16)的通解为

$$y = \mathrm{e}^{\alpha x}(C_1\cos\beta x + C_2\sin\beta x).$$

【例1】 求微分方程 $y'' - 4y' + 3y = 0$ 的通解.

解 所给微分方程的特征方程为 $r^2 - 4r + 3 = 0$,特征根为 $r_1 = 3$,$r_2 = 1$,故得所给方程的通解为

$$y = C_1\mathrm{e}^{3x} + C_2\mathrm{e}^x.$$

【例2】 求微分方程 $y'' - 4y' + 4y = 0$ 满足初始条件 $y|_{x=0} = 1$,$y'|_{x=0} = 3$ 的特解.

解 所给微分方程的特征方程为 $r^2 - 4r + 4 = 0$,特征根为 $r_1 = r_2 = 2$,因此所给方程的通解为

$$y = (C_1 + C_2 x)\mathrm{e}^{2x}.$$

将上式对 x 求导,得

$$y' = 2(C_1 + C_2 x)\mathrm{e}^{2x} + C_2\mathrm{e}^{2x}.$$

将初始条件 $y|_{x=0} = 1$,$y'|_{x=0} = 3$ 分别代入上面两式,得 $C_1 = 1$,$C_2 = 1$.

于是所求特解为

$$y = (1 + x)\mathrm{e}^{2x}.$$

【例3】 求微分方程 $y'' + 2y' + 5y = 0$ 的通解.

解 所给微分方程的特征方程是 $r^2 + 2r + 5 = 0$,

特征根为

$$r_{1,2} = \frac{-2 \pm \sqrt{2^2 - 4 \times 5}}{2} = -1 \pm 2\mathrm{i}, \text{其中 } \alpha = -1, \; \beta = 2.$$

因此所求微分方程的通解为

$$y = \mathrm{e}^{-x}(C_1\cos 2x + C_2\sin 2x).$$

根据上述讨论,求二阶常系数线性齐次微分方程 $y'' + py' + qy = 0$ 的通解的步骤如下:

（1）写出微分方程对应的特征方程 $r^2 + pr + q = 0$；

（2）求出特征根 r_1 和 r_2；

（3）由特征根 r_1 和 r_2 的不同情形，写出方程的通解，如表 7-2 所示.

表 7-2　不同特征根对应的微分方程的通解

特征方程 $r^2 + pr + q = 0$ 的根	微分方程 $y'' + py' + qy = 0$ 的通解
两个不相等的实根 r_1，r_2	$y = C_1 e^{r_1 x} + C_2 e^{r_2 x}$
两个相等实根 $r_1 = r_2 = r$	$y = (C_1 + C_2 x) e^{rx}$
一对共轭复根 $r_{1,2} = \alpha \pm i\beta$	$y = e^{\alpha x}(C_1 \cos \beta x + C_2 \sin \beta x)$

▶▶▶▶ 习题 7.3 ◀◀◀◀

1. 求下列微分方程的通解：

（1）$y'' + 2y' - 3y = 0$；　　　　　　　（2）$y'' - 3y' = 0$；

（3）$y'' + 9y = 0$ ；　　　　　　　　　（4）$y'' - 3y' - 4y = 0$；

（5）$y'' + 6y' + 10y = 0$；　　　　　　（6）$y'' - 10y' + 25y = 0$.

2. 求下列微分方程满足初值条件的特解：

（1）$y'' - 5y' + 4y = 0$，$y|_{x=0} = 6$，$y'|_{x=0} = 9$；

（2）$y'' - 5y' + 6y = 0$，$y|_{x=0} = 3$，$y'|_{x=0} = 5$.

§7.4　二阶常系数线性非齐次微分方程

首先我们给出二阶常系数线性非齐次微分方程的定义.

定义 7.11　我们把形如

$$y'' + py' + qy = f(x) \tag{7-18}$$

的微分方程叫作**二阶常系数线性非齐次微分方程**. 其中 p, q 均为常数，且 $f(x) \neq 0$.

例如，$y'' + 2y' + 3y = x^2 + 1$，$y'' - 2y' + 2y = \sin x$ 等.

7.4.1　二阶常系数线性非齐次微分方程解的结构定理

关于二阶常系数线性非齐次微分方程 $y'' + py' + qy = f(x)$ 解的结构，有如下定理：

定理 7.2　设 y^* 是二阶常系数线性非齐次微分方程（7-18）的特解，Y 是与（7-18）相对应的齐次方程

$$y'' + py' + qy = 0 \tag{7-19}$$

的通解，则 $y = Y + y^*$ 是方程（7-18）的通解.

证明（略）.

例如，二阶常系数线性非齐次微分方程 $y'' + y = x^2 + 1$ 有特解 $y^* = x^2 - 1$，与其对应的齐次方程 $y'' + y = 0$ 的通解为 $Y = C_1 \sin x + C_2 \cos x$. 因此 $y = Y + y^* = C_1 \sin x +$

$C_2\cos x + x^2 - 1$ 是方程 $y'' + y = x^2$ 的通解.

定理 7.3　设 y_1, y_2 分别是二阶常系数非齐次线性微分方程 $y'' + py' + qy = f_1(x)$ 与 $y'' + py' + qy = f_2(x)$ 的特解,则 $y^* = y_1 + y_2$ 是微分方程 $y'' + py' + qy = f_1(x) + f_2(x)$ 的特解.

例如,二阶常系数线性非齐次微分方程 $y'' + y = x^2$ 有特解 $y_1 = x^2 - 2$,$y'' + y = e^x$ 有特解 $y_2 = \dfrac{1}{2}e^x$,不难验证,$y^* = y_1 + y_2 = x^2 - 2 + \dfrac{1}{2}e^x$ 是方程 $y'' + y = x^2 + e^x$ 的特解.

【说明】

（1）由定理 7.2 可知,二阶常系数线性非齐次微分方程的通解问题归结为求其一个特解.

（2）定理 7.3 表明,二阶常系数线性非齐次微分方程的特解,对于方程右端的自由项也具有可叠加性.

7.4.2　二阶常系数线性非齐次微分方程的特解

由前面的讨论知,二阶常系数线性非齐次微分方程的通解问题归结为求其一个特解,因此,下面只研究线性非齐次微分方程(7-18)的一个特解的求法即可.

我们仅就方程(7-18)的右端自由项 $f(x)$ 取以下两种特殊形式进行讨论.

1. 自由项 $f(x) = P_n(x)e^{\lambda x}$（$P_n(x)$ 是 n 次多项式,λ 为常数）

此时方程(7-18)为

$$y'' + py' + qy = P_n(x)e^{\lambda x}. \tag{7-20}$$

方程(7-20)右端是多项式与指数函数的乘积,而这种乘积的一阶导数、二阶导数仍为多项式与指数函数的乘积（常数可看作零次多项式）.根据方程(7-20)左端的特点,可以推测,方程(7-20)的特解形式仍然是多项式与指数函数 $e^{\lambda x}$ 的乘积.因此,我们设方程(7-20)的特解为

$$y^* = Q(x)e^{\lambda x}.$$

其中,$Q(x)$ 是一个次数和系数都待定的多项式.

由假设容易得出:

$$y^{*\prime} = Q'(x)e^{\lambda x} + \lambda Q(x)e^{\lambda x},$$
$$y^{*\prime\prime} = Q''(x)e^{\lambda x} + 2\lambda Q'(x)e^{\lambda x} + \lambda^2 Q(x)e^{\lambda x}.$$

把 $y^*, y^{*\prime}, y^{*\prime\prime}$ 代入方程(7-20),并化简整理可得

$$Q''(x) + (2\lambda + p)Q'(x) + (\lambda^2 + p\lambda + q)Q(x) = P_n(x) \tag{7-21}$$

式(7-21)为恒等式,因为等式右端是 n 次多项式,所以等式左端也必为 n 次多项式,我们分下列三种情况来确定 $Q(x)$ 的次数和系数:

（1）如果 λ 不是方程 $r^2 + pr + q = 0$ 的特征根,即 $\lambda^2 + p\lambda + q \neq 0$,由(7-21)式可知,$Q(x)$ 必为 n 次多项式.因此可设方程(7-20)的特解为

$$y^* = Q_n(x)e^{\lambda x}.$$

其中,$Q_n(x)$ 的次数与自由项 $P_n(x)$ 的次数相同,系数待定.

（2）如果 λ 是方程 $r^2 + pr + q = 0$ 的一重特征根,即 $\lambda^2 + p\lambda + q = 0$,但 $2\lambda + p \neq 0$.由(7-21)式可知,$Q'(x)$ 必为 n 次多项式,从而 $Q(x)$ 是 $n+1$ 次多项式.因此可设方程(7-20)

的特解为

$$y^* = xQ_n(x)e^{\lambda x}.$$

其中,$Q_n(x)$ 的次数与自由项 $P_n(x)$ 的次数相同,系数待定.

(3) 如果 λ 是方程 $r^2 + pr + q = 0$ 的二重特征根. 即 $\lambda^2 + p\lambda + q = 0$,且 $2\lambda + p = 0$. 由 (7-21) 式可知,$Q''(x)$ 必为 n 次多项式,从而 $Q(x)$ 是 $n+2$ 次多项式.因此可设方程(7-20) 的特解为

$$y^* = x^2 Q_n(x)e^{\lambda x}.$$

其中,$Q_n(x)$ 的次数与自由项 $P_n(x)$ 的次数相同,系数待定.

由上述讨论,我们容易总结得出如下结论:

二阶常系数线性非齐次微分方程 $y'' + py' + qy = P_n(x)e^{\lambda x}$ 具有形如

$$y^* = \begin{cases} Q_n(x)e^{\lambda x}, & \lambda \text{ 不是特征根} \\ xQ_n(x)e^{\lambda x}, & \lambda \text{ 是一重特征根} \\ x^2 Q_n(x)e^{\lambda x}, & \lambda \text{ 是二重特征根} \end{cases} \tag{7-22}$$

的特解,其中 $Q_n(x)$ 是 n 次待定多项式.

【例 1】　求微分方程 $y'' - 2y' + 3y = 3x + 4$ 的一个特解.

解　因为 $\lambda = 0$,不满足特征方程 $r^2 - 2r + 3 = 0$,又因为 $P_n(x) = 3x + 4$,故设 $y^* = Ax + B$, 于是 $y^{*\prime} = A, y^{*\prime\prime} = 0$.

把 $y^*, y^{*\prime}, y^{*\prime\prime}$ 代入原方程,得

$$-2A + 3Ax + 3B = 3x + 4,$$

因此,

$$\begin{cases} 3A = 3 \\ -2A + 3B = 4 \end{cases},$$

即

$$\begin{cases} A = 1 \\ B = 2 \end{cases},$$

所以原微分方程的一个特解是

$$y^* = x + 2.$$

【例 2】　求微分方程 $y'' - 5y' + 6y = -3e^{2x}$ 的一个特解.

解　特征方程为 $r^2 - 5r + 6 = 0$,特征根为 $r_1 = 2, r_2 = 3$.

由于 $\lambda = 2$ 是特征方程的单根,且 $P_n(x) = -3$,由(7-22)式可知,应设特解为 $y^* = Axe^{2x}$,其中 A 为待定系数, 又

$$y^{*\prime} = Ae^{2x}(1 + 2x), y^{*\prime\prime} = 4Ae^{2x}(1 + x).$$

将 $y^*, y^{*\prime}, y^{*\prime\prime}$ 代入所给方程,得 $4Ae^{2x}(1+x) - 5Ae^{2x}(1+2x) + 6Axe^{2x} = -3e^{2x}$,
即 $-Ae^{2x} = -3e^{2x}$,解得 $A = 3$,因此,所给方程的一个特解为

$$y^* = 3e^{2x}.$$

【例 3】　求方程 $y'' + 6y' + 9y = 6xe^{-3x}$ 的通解.

解　特征方程为 $r^2 + 6r + 9 = 0$,特征根为 $r_1 = r_2 = -3$.　因此,对应齐次微分方程 $y'' + 6y' + 9y = 0$ 的通解为

$$Y = (C_1 + C_2 x)e^{-3x}.$$

由于 $\lambda = -3$ 是特征方程的二重根,而 $p_n(x) = 6x$ 是一次多项式,故由(7-22)式可知,

应设特解为 $y^* = x^2(Ax+B)e^{-3x} = (Ax^3+Bx^2)e^{-3x}$，又

$$y^{*\prime} = e^{-3x}[-3Ax^3+(3A-3B)x^2+2Bx],$$

$$y^{*\prime\prime} = e^{-3x}[9Ax^3+(-18A+9B)x^2+(6A-12B)x+2B].$$

将 y^*，$y^{*\prime}$，$y^{*\prime\prime}$ 代入所给方程，整理化简得 $(6Ax+2B)=6x$，所以 $A=1$，$B=0$，于是得原微分方程的一个特解为

$$y^* = x^3 e^{-3x}$$

因此原方程的通解为

$$y = Y + y^* = (x^3+C_2x+C_1)e^{-3x}.$$

2. 自由项 $f(x) = a\cos \omega x + b\sin \omega x$（$a,b,\omega$ 为实常数，且 $\omega>0$，a,b 不同时为零）

此时方程(7-18)为

$$y''+py'+qy = a\cos \omega x + b\sin \omega x \tag{7-23}$$

当自由项为 $f(x) = a\cos \omega x + b\sin \omega x$ 时，不难想象，方程(7-18)的解的形式应为 $\cos \omega x$ 和 $\sin \omega x$ 的组合，经过理论分析(略)，可得方程(7-23)具有如下形式的特解：

$$y^* = \begin{cases} A\cos \omega x + B\sin \omega x, & \pm\omega i \text{ 不是特征根} \\ x(A\cos \omega x + B\sin \omega x), & \pm\omega i \text{ 是特征根} \end{cases} \tag{7-24}$$

其中 A,B 为待定系数.

【例4】 求微分方程 $y''-y'-2y = \sin x$ 的一个特解.

解 特征方程为 $r^2-r-2=0$，特征根为 $r_1=-1$，$r_2=2$. 因此，$\pm\omega i=\pm 2i$ 不是特征根，由(7-24)式可知，可设原微分方程的一个特解为

$$y^* = A\cos x + B\sin x,$$

则 $y^{*\prime} = B\cos x - A\sin x$，$y^{*\prime\prime} = -B\sin x - A\cos x$.

将 y^*，$y^{*\prime}$，$y^{*\prime\prime}$ 代入所给方程，化简得

$$(-3A-B)\cos x + (A-3B)\sin x = \sin x.$$

比较上式两端同类项的系数，有 $\begin{cases} -3A-B=0 \\ A-3B=1 \end{cases}$，解得 $A=\dfrac{1}{10}$，$B=-\dfrac{3}{10}$.

因此原微分方程的一个特解为

$$y^* = \frac{1}{10}\cos x - \frac{3}{10}\sin x.$$

【例5】 求微分方程 $y''+9y = x+\sin x$ 的通解.

解 特征方程为 $r^2+9=0$，特征根为 $r_{1,2}=\pm 3i$，因此，其相对应齐次线性微分方程的通解为 $Y=C_1\cos 3x + C_2\sin 3x$.

下面分别求出方程 $y''+9y=x$ 与 $y''+9y=\sin x$ 的特解 y_1,y_2，则所给方程的特解为 $y^* = y_1 + y_2$.

先求方程 $y''+9y=x$ 的一个特解 y_1.

分析可得，可设 $y_1 = Ax+B$，则 $y_1'=A$，$y_1''=0$.

将 y_1，y_1'，y_1'' 代入原方程，得 $9(Ax+B)=x$，比较上式两边同类项的系数，得 $A=\dfrac{1}{9}$，$B=0$，故得方程 $y''+9y=x$ 的一个特解为 $y_1=\dfrac{1}{9}x$.

再求方程 $y''+9y=\sin x$ 的一个特解 y_2.

由于 $\omega = 1$，$\pm \omega i = \pm i$ 不是特征根，故可设方程的特解为

$$y_2 = A\cos x + B\sin x,$$

又

$$y'_2 = -A\sin x + B\cos x, \quad y''_2 = -A\cos x - B\sin x.$$

把 y_2，y'_2，y''_2 代入原微分方程，整理后得 $8A\cos x + 8B\sin x = \sin x$，因此 $A = 0$，$B = \dfrac{1}{8}$，于是得方程 $y'' + 9y = \sin x$ 的一个特解为 $y_2 = \dfrac{1}{8}\sin x$.

由叠加原理，所给微分方程的一个特解为 $y^* = y_1 + y_2 = \dfrac{1}{9}x + \dfrac{1}{8}\sin x$.

因此，原微分方程的通解为

$$y = Y + y^* = C_1\cos 3x + C_2\sin 3x + \frac{1}{9}x + \frac{1}{8}\sin x.$$

▶▶▶▶ 习题 7.4 ◀◀◀◀

1. 求下列微分方程的解：

(1) $y'' - y' - 2y = 1$;　　(2) $y'' - 4y' + 4y = e^x$;　　(3) $y'' + 4y = 2x^2$.

2. 求下列微分方程的解：

(1) $y'' + 2y' = \sin x$;

(2) $y'' - 6y' + 9y = xe^{2x}$, $y'|_{x=0} = 0$, $y|_{x=0} = 1$.

🔧 高数小知识

常微分方程发展简史

常微分方程是由于用微积分处理新问题而产生的，它主要经历了创立及解析理论阶段、定性理论阶段和深入发展阶段. 17 世纪，牛顿(Newton，英国，1642—1727)和莱布尼兹(Leibniz，德国，1646—1716)发明了微积分，同时也开创了微分方程的研究. 最初，牛顿在他的著作《自然哲学的数学原理》(1687 年)中，主要研究了微分方程在天文学中的应用，随后微积分在解决物理问题上逐步显示出了巨大的威力. 但是，随着物理学提出日益复杂的问题，就需要更专门的技术，需要建立物理问题的数学模型，即建立反映该问题的微分方程. 1690 年，雅可比·伯努利(Jakob Bernouli，瑞士，1654—1705)提出了等时问题和悬链线问题，这是探求微分方程解的早期工作. 雅可比·伯努利自己解决了前者. 翌年，约翰·伯努利(Johann Bernouli，瑞士，1667—1748)、莱布尼兹和惠更斯(C. Huygens，荷兰，1629—1695)分别独立地解决了后者.

有了微分方程，紧接着就需要解微分方程，并对所得的结果进行物理解释，从而预测物理过程的特定性质. 所以求解就成为微分方程的核心，但求解的困难很大，一个看似很简单的微分方程也没有普遍适用的方法能使我们在所有的情况下得出它的解. 因此，最初人们的

注意力放在某些类型的微分方程的一般解法上.

1691 年,莱布尼兹提出了变量分离法.他还对一阶齐次方程使其变量分离.1694 年,他使用了常数变易法把一阶常微分方程化成积分.

1695 年,雅可比·伯努利给出著名的伯努利方程.莱布尼兹用变换法将其化为线性方程.约翰和雅可比给出了各自的解法,其本质上都是变量分离法.

1734 年,欧拉(L. Euler,瑞士,1707—1783) 给出了恰当方程的定义.他与克莱罗(A. C. Clairaut,法国,1713—1765) 各自找到了方程是恰当方程的条件,并发现:若方程是恰当的,则它是可积的.那么,对非恰当方程如何求解呢?1739 年克莱罗提出了积分因子的概念,欧拉确定了可采用积分因子的方程类属.这样,到 18 世纪 40 年代,一阶常微分方程的初等方法都已清楚了,与此相联系,通解与特解的问题也弄清楚了.

1734 年,克莱罗在他的著作中处理了现在以他的名字命名的方程,他给出了一个新的解,从而提出了奇解的问题.奇解不能通过给积分常数以一个确定的值由通解来求得.欧拉、拉普拉斯(P. S. Laplace,法国,1749—1827)、达朗贝尔(J. Alembert,法国,1717—1783) 都涉及奇解这个问题,然而只有拉格朗日(J. Lagrange,意大利,1736—1813) 对奇解与通解的联系做了系统的研究,他给出了从通解消去常数项从而得到奇解的一般方法.但在奇解理论中,有些特殊的困难他并没有认识到.奇解的完整理论是 19 世纪发展起来的.其中黎曼(G. Riemann,德国,1826—1866) 做出了突出的贡献.1728 年,欧拉由于力学问题的推动,把一类二阶微分方程用变量替换成一阶微分方程组,这标志着二阶方程的系统研究的开始.此后,欧拉完整地解决了常系数线性齐次方程的求解问题和非齐次的 n 阶线性常微分方程的求解问题.拉格朗日在 1762 年至 1765 年间又对变系数齐次线性微分方程进行了研究.

在 18 世纪前半叶,常微分方程的研究重点是对初等函数实行有限次代数运算、变量代换和不定积分以把解表示出来;至 18 世纪下半叶,数学家们又讨论了求线性常微分方程解的常数变易法和无穷级数解法等方法;至 18 世纪末,常微分方程已发展成一个独立的数学分支.

第8章 无穷级数

无穷级数是研究函数的性质、表示函数以及进行数值计算的有力工具,在理论上和实际应用中都处于重要地位,一方面我们能借助级数表示许多常用的函数,微分方程的解也常用级数表示;另一方面又可将函数表示为级数,从而借助级数去研究函数,例如用幂级数研究函数,以及进行近似计算等.本章着重讨论常数项级数及其敛散性、幂级数及其收敛域以及将函数展开成幂级数的方法和应用等问题.

✏️ **教学知识**

1. 常数项级数的敛散性,正项级数、交错级数的敛散性,条件收敛和绝对收敛;
2. 幂级数及其收敛域,幂级数的运算;
3. 函数展开成幂级数.

🚩 **重点难点**

重点:正项级数、交错级数的敛散性,条件收敛和绝对收敛;

幂级数及其收敛半径,收敛域.

难点:比较审敛法,比值审敛法,条件收敛和绝对收敛,函数展开成幂级数.

§8.1 常数项级数的概念和性质

8.1.1 常数项级数的基本概念

【案例1】 无限循环小数的表示

在工程测量、科学实验或数值计算中,随着精确度的提高,经常可以遇到类似 $1.383838\cdots$ 这样的数据,这样的数据可以用 $1.383838\cdots = 1 + 0.38 + 0.0038 + 0.000038 + \cdots$ 来表示.一般的无限循环小数也有类似的表示方式,如:$0.\overset{.}{2}\overset{.}{6} = 0.26 + 0.0026 + 0.000026 + \cdots$ 在这样的表达式中,出现了无穷多个数相加的形式,那么无穷多个数相加的意义是什么呢?是一个简单的逐项累加过程吗?如果不是,应如何理解?

【案例2】 股票的内在价值

如果股票的每年红利为 D_n,市场的贴现利率为 $r(r > 0)$,求股票的价值 S.因为第 n 年

的红利的现值为 $\dfrac{D_n}{(1+r)^n}$,故股票的内在价值 S 就是无限期红利现值的总和:

$$S = \frac{D_1}{1+r} + \frac{D_2}{(1+r)^2} + \cdots + \frac{D_n}{(1+r)^n} + \cdots .$$

定义 8.1 若给定一个常数项数列 $u_1,u_2,\cdots,u_n,\cdots$ 则和式

$$u_1 + u_2 + \cdots + u_n + \cdots$$

称作**常数项无穷级数**,简称(**常数项**)**级数**,记作 $\sum\limits_{n=1}^{\infty} u_n$. 即

$$\sum_{n=1}^{\infty} u_n = u_1 + u_2 + \cdots + u_n + \cdots .$$

其中第 n 项 u_n 叫作级数的**一般项**或**通项**.

我们可以通过对无穷级数有限项的和进行研究,观测它的变化趋势,由此来理解无穷级数无穷多项相加的含义. 为此,我们引入部分和的概念.

定义 8.2 级数 $\sum\limits_{n=1}^{\infty} u_n$ 的前 n 项之和 $S_n = u_1 + u_2 + \cdots + u_n$,称作级数 $\sum\limits_{n=1}^{\infty} u_n$ 的**部分和**.

当 n 依次取 $1,2,3,\cdots$ 时,它们构成一个新的数列 $\{S_n\}$:

$$S_1 = u_1,$$
$$S_2 = u_1 + u_2,$$
$$S_3 = u_1 + u_2 + u_3,$$
$$\cdots\cdots$$
$$S_n = u_1 + u_2 + \cdots + u_n,$$
$$\cdots\cdots$$

称数列 $\{S_n\}$ 为级数 $\sum\limits_{n=1}^{\infty} u_n$ 的**部分和数列**.

根据部分和数列 $\{S_n\}$ 是否有极限,我们给出级数 $\sum\limits_{n=1}^{\infty} u_n$ 敛散性的定义.

定义 8.3 如果无穷级数 $\sum\limits_{n=1}^{\infty} u_n$ 的部分和数列 $\{S_n\}$ 有极限 S,即

$$\lim_{n\to\infty} S_n = S,$$

则称无穷级数 $\sum\limits_{n=1}^{\infty} u_n$ **收敛**,极限 S 称作级数 $\sum\limits_{n=1}^{\infty} u_n$ 的**和**,记作

$$\sum_{n=1}^{\infty} u_n = u_1 + u_2 + \cdots + u_n + \cdots = S.$$

如果部分和数列 $\{S_n\}$ 无极限,则称级数 $\sum\limits_{n=1}^{\infty} u_n$ **发散**.

当级数 $\sum\limits_{n=1}^{\infty} u_n$ 收敛时,其部分和 S_n 是级数的和 S 的近似值,它们之间的差值

$$r_n = S - S_n = u_{n+1} + u_{n+2} + \cdots + u_{n+k} + \cdots$$

叫作级数的**余项**.

【例 1】 讨论几何级数(又称为等比级数)$\sum\limits_{n=0}^{\infty} aq^n = a + aq + aq^2 + \cdots + aq^n + \cdots (a \neq$

0）的敛散性.

解　（1）如果 $|q| \neq 1$，则部分和为 $S_n = \sum\limits_{k=0}^{n-1} aq^k = a + aq + aq^2 + \cdots + a\,q^{n-1} = \dfrac{a - aq^n}{1 - q}$.

当 $|q| < 1$ 时，$\lim\limits_{n \to \infty} q^n = 0$，故 $\lim\limits_{n \to \infty} S_n = \dfrac{a}{1 - q}$，等比级数收敛，且和为 $\dfrac{a}{1 - q}$；

当 $|q| > 1$ 时，$\lim\limits_{n \to \infty} q^n = \infty$，所以 $\lim\limits_{n \to \infty} S_n = \infty$，等比级数发散.

（2）当 $q = 1$ 时，则 $S_n = a + a + a + \cdots + a = na \to \infty \, (n \to \infty)$.

（3）当 $q = -1$ 时，则 $S_n = a - a + \cdots + (-1)^{n-2}a + (-1)^{n-1}a = \begin{cases} 0, & n \text{ 为偶数} \\ a, & n \text{ 为奇数} \end{cases}$，所

以 $\lim\limits_{n \to \infty} S_n$ 不存在，等比级数发散.

根据以上的讨论，可以得到几何级数的敛散性：

当 $|q| < 1$ 时，几何级数 $\sum\limits_{n=0}^{\infty} aq^n = a + aq + aq^2 + \cdots + aq^n + \cdots$ 收敛，且 $\sum\limits_{n=0}^{\infty} aq^n = \dfrac{a}{1 - q}$；

当 $|q| \geqslant 1$ 时，几何级数 $\sum\limits_{n=0}^{\infty} aq^n = a + aq + aq^2 + \cdots + aq^n + \cdots$ 发散.

几何级数是一个重要的级数，记住其敛散性结论对今后的学习会有很大的帮助.

【例 2】　判定无穷级数 $\sum\limits_{n=1}^{\infty} \dfrac{1}{n(n+1)}$ 的敛散性.

解　由于 $u_n = \dfrac{1}{n(n+1)} = \dfrac{1}{n} - \dfrac{1}{n+1}$，所以部分和为

$$S_n = \sum_{k=1}^{n} \frac{1}{k(k+1)} = \sum_{k=1}^{n} \left(\frac{1}{k} - \frac{1}{k+1} \right)$$

$$= \left(1 - \frac{1}{2} \right) + \left(\frac{1}{2} - \frac{1}{3} \right) + \left(\frac{1}{3} - \frac{1}{4} \right) + \cdots + \left(\frac{1}{n-1} - \frac{1}{n} \right) + \left(\frac{1}{n} - \frac{1}{n+1} \right)$$

$$= 1 - \frac{1}{n+1},$$

所以 $\lim\limits_{n \to \infty} S_n = \lim\limits_{n \to \infty} \left(1 - \dfrac{1}{n+1} \right) = 1$，即原级数收敛于 1.

【例 3】　判定级数 $\sum\limits_{n=1}^{\infty} \ln \dfrac{n+1}{n} = \ln \dfrac{2}{1} + \ln \dfrac{3}{2} + \ln \dfrac{4}{3} + \cdots + \ln \dfrac{n+1}{n} + \cdots$ 的敛散性.

解　由于 $u_n = \ln \dfrac{n+1}{n} = \ln(n+1) - \ln n, (n = 1, 2, 3, \cdots)$，

得到级数的部分和为

$$S_n = \ln \frac{2}{1} + \ln \frac{3}{2} + \ln \frac{4}{3} + \cdots + \ln \frac{n+1}{n}$$

$$= (\ln 2 - \ln 1) + (\ln 3 - \ln 2) + \cdots + [\ln(n+1) - \ln n]$$

$$= \ln(n+1).$$

因为 $\lim\limits_{n \to \infty} S_n = \lim\limits_{n \to \infty} \ln(n+1) = \infty$，所以级数 $\sum\limits_{n=1}^{\infty} \ln \dfrac{n+1}{n}$ 发散.

8.1.2　常数项级数的基本性质

性质 1　如果级数 $\sum\limits_{n=1}^{\infty} u_n$ 与级数 $\sum\limits_{n=1}^{\infty} v_n$ 分别收敛于 A,B,则级数 $\sum\limits_{n=1}^{\infty}(u_n \pm v_n)$ 也收敛,且有

$$\sum_{n=1}^{\infty}(u_n \pm v_n) = \sum_{n=1}^{\infty} u_n \pm \sum_{n=1}^{\infty} v_n = A \pm B.$$

性质 2　如果级数 $\sum\limits_{n=1}^{\infty} u_n$ 收敛(发散),k 为任意常数且 $k \neq 0$,则级数 $\sum\limits_{n=1}^{\infty} ku_n$ 也收敛(发散),且收敛时有 $\sum\limits_{n=1}^{\infty} ku_n = k\sum\limits_{n=1}^{\infty} u_n$.

即级数的每一项同乘以一个非零常数,其敛散性不变.

推论(线性性)　若 $\sum\limits_{n=1}^{\infty} u_n, \sum\limits_{n=1}^{\infty} v_n$ 均收敛,$a,b \in \mathbf{R}$,则级数 $\sum\limits_{n=1}^{\infty}(au_n + bv_n)$ 也收敛,且有

$$\sum_{n=1}^{\infty}(au_n + bv_n) = a\sum_{n=1}^{\infty} u_n + b\sum_{n=1}^{\infty} v_n.$$

性质 3　在一个级数中加上、去掉或改变有限项,不改变级数的敛散性(若级数收敛,其和可能改变).

性质 4　如果级数 $\sum\limits_{n=1}^{\infty} u_n$ 收敛于 S,则对这个级数的各项间任意加括号后所得的级数仍收敛,且其和不变.

性质 5（级数收敛的必要条件）　若级数 $\sum\limits_{n=1}^{\infty} u_n$ 收敛,则 $\lim\limits_{n \to \infty} u_n = 0$.

证明　级数 $\sum\limits_{n=1}^{\infty} u_n = u_1 + u_2 + \cdots + u_n + \cdots$,其部分和 $S_n = \sum\limits_{k=1}^{n} u_k$,显然 $u_n = S_n - S_{n-1}$.
设该级数收敛于和 S,则

$$\lim_{n \to \infty} u_n = \lim_{n \to \infty}(S_n - S_{n-1}) = \lim_{n \to \infty} S_n - \lim_{n \to \infty} S_{n-1} = S - S = 0.$$

因此,级数 $\sum\limits_{n=1}^{\infty} u_n$ 收敛的必要条件是 $\lim\limits_{n \to \infty} u_n = 0$.

【说明】

(1)性质 5 的逆否命题是:**若级数的一般项不趋向于零,该级数发散**. 我们常常利用此性质来判断一个级数是发散的.

(2)需要注意的是一般项趋向于零的级数不一定收敛. 例如对于级数 $\sum\limits_{n=1}^{\infty} \ln \dfrac{n+1}{n}$,满足条件 $\lim\limits_{n \to \infty} u_n = 0$,但是在例 3 中,我们已经证明它是发散的.

【**例 4**】　判别级数 $\sum\limits_{n=1}^{\infty} \dfrac{7}{2^n}$ 的敛散性.

解　显然,$\sum\limits_{n=1}^{\infty} \dfrac{7}{2^n} = \sum\limits_{n=1}^{\infty} 7 \times \dfrac{1}{2^n}$,而几何级数 $\sum\limits_{n=1}^{\infty} \dfrac{1}{2^n}$ 收敛,由性质 2 得级数 $\sum\limits_{n=1}^{\infty} \dfrac{7}{2^n}$ 也收敛.

【**例 5**】　判别级数 $\sum\limits_{n=1}^{\infty} \dfrac{2n^2}{n^2+n+1}$ 的敛散性.

解　因为 $\lim\limits_{n\to\infty} u_n = \lim\limits_{n\to\infty} \dfrac{2n^2}{n^2+n+1} = 2 \neq 0$,所以级数发散.

【**例 6**】　证明调和级数 $\sum\limits_{n=1}^{\infty} \dfrac{1}{n} = 1 + \dfrac{1}{2} + \dfrac{1}{3} + \cdots + \dfrac{1}{n} + \cdots$ 是发散的.

证明　因为 $S_{2n} - S_n = \dfrac{1}{n+1} + \dfrac{1}{n+2} + \cdots + \dfrac{1}{2n} > \dfrac{n}{2n} = \dfrac{1}{2}$,所以 $\lim\limits_{n\to\infty}(S_{2n} - S_n) \neq 0$.

假设调和级数收敛,其和为 S,便有 $\lim\limits_{n\to\infty}(S_{2n} - S_n) = S - S = 0$.与上矛盾,所以假设不成立.故调和级数发散.

同时注意到,$\lim\limits_{n\to\infty} u_n = \lim\limits_{n\to\infty} \dfrac{1}{n} = 0$,即调和级数的一般项趋近于零,而调和级数发散.

▶▶▶▶ **习题 8.1** ◀◀◀◀

1. 选择题:

(1) 下列命题正确的是(　　).

　　A. 若 $\lim\limits_{n\to\infty} u_n = 0$,则级数 $\sum\limits_{n=1}^{\infty} u_n$ 收敛

　　B. 若 $\lim\limits_{n\to\infty} u_n \neq 0$,则级数 $\sum\limits_{n=1}^{\infty} u_n$ 发散

　　C. 若级数 $\sum\limits_{n=1}^{\infty} u_n$ 发散,则 $\lim\limits_{n\to\infty} u_n \neq 0$

　　D. 若级数 $\sum\limits_{n=1}^{\infty} u_n$ 发散,则必有 $\lim\limits_{n\to\infty} u_n = \infty$

(2) 下列命题正确的是(　　).

　　A. 若级数 $\sum\limits_{n=1}^{\infty} u_n$, $\sum\limits_{n=1}^{\infty} v_n$ 发散,则级数 $\sum\limits_{n=1}^{\infty}(u_n + v_n)$ 必发散

　　B. 若级数 $\sum\limits_{n=1}^{\infty}(u_n + v_n)$ 收敛,则级数 $\sum\limits_{n=1}^{\infty} u_n$, $\sum\limits_{n=1}^{\infty} v_n$ 都收敛

　　C. 若级数 $\sum\limits_{n=1}^{\infty} u_n$ 收敛,$\sum\limits_{n=1}^{\infty} v_n$ 发散,则级数 $\sum\limits_{n=1}^{\infty}(u_n + v_n)$ 必发散

　　D. 若级数 $\sum\limits_{n=1}^{\infty}(u_n + v_n)$ 发散,则级数 $\sum\limits_{n=1}^{\infty} u_n$, $\sum\limits_{n=1}^{\infty} v_n$ 都发散

2. 填空题:

(1) 若 $\sum\limits_{n=1}^{\infty} u_n$ 收敛,则 $\lim\limits_{n\to\infty}(u_n + 2) = $ ＿＿＿＿＿＿;

(2) 若 $\sum\limits_{n=1}^{\infty} u_n$ 收敛,$S_n = u_1 + u_2 + \cdots + u_n$,则 $\lim\limits_{n\to\infty}(S_{n+1} + S_{n-1} - 2S_n) = $ ＿＿＿＿＿＿;

(3) 若 $S = \dfrac{1}{2 \cdot 3^2} + \dfrac{1}{3 \cdot 4^3} + \dfrac{1}{4 \cdot 5^4} \cdots$,则通项 $u_n = $ ＿＿＿＿＿＿＿＿＿＿;

(4) 等比级数 $\sum\limits_{n=1}^{\infty} aq^{n-1}$，当 _____ 时收敛；当 _____ 时发散.

3. 利用级数敛散性定义判别下列级数的敛散性：

(1) $\sum\limits_{n=1}^{\infty} \dfrac{1}{(2n-1)(2n+1)}$；

(2) $\sum\limits_{n=1}^{\infty} (\sqrt{n+2} - \sqrt{n+1})$.

4. 判别下列级数的敛散性：

(1) $\dfrac{1}{2} + \dfrac{1}{4} + \dfrac{1}{6} + \cdots + \dfrac{1}{2n} + \cdots$；

(2) $\left(\dfrac{1}{2} + \dfrac{1}{3}\right) + \left(\dfrac{1}{2^2} + \dfrac{1}{3^2}\right) + \left(\dfrac{1}{2^3} + \dfrac{1}{3^3}\right) + \cdots + \left(\dfrac{1}{2^n} + \dfrac{1}{3^n}\right) + \cdots$；

(3) $\dfrac{1}{2} + \dfrac{1}{10} + \dfrac{1}{2^2} + \dfrac{1}{20} + \cdots + \dfrac{1}{2^n} + \dfrac{1}{10n} + \cdots$；

(4) $\dfrac{1}{1 \cdot 6} + \dfrac{1}{6 \cdot 11} + \dfrac{1}{11 \cdot 16} + \cdots + \dfrac{1}{(5n-4) \cdot (5n+1)} + \cdots$；

(5) $\sum\limits_{n=1}^{\infty} (-1)^n \left(\dfrac{3}{5}\right)^n$；

(6) $\sum\limits_{n=1}^{\infty} \left(\dfrac{5}{2}\right)^n$.

§8.2　常数项级数的审敛法

在研究了无穷级数的基本概念和性质之后，我们将进一步了解几种特殊的常数项级数及它们敛散性的判别法.

8.2.1　正项级数及其审敛法

定义 8.4　若级数 $\sum\limits_{n=1}^{\infty} u_n$ 中的项 $u_n \geqslant 0 (n = 1, 2, \cdots)$，则称此级数为**正项级数**.

定理 8.1　正项级数 $\sum\limits_{n=1}^{\infty} u_n$ 收敛的充分必要条件是它的部分和数列 $\{S_n\}$ 有界.

证明　设级数 $\sum\limits_{n=1}^{\infty} u_n$ 是一个正项级数，显然它的部分和数列 $\{S_n\}$ 是单调增加的，即

$$S_1 \leqslant S_2 \leqslant S_3 \leqslant \cdots \leqslant S_n \leqslant \cdots.$$

若数列 $\{S_n\}$ 有界，根据单调有界数列必有极限的准则，有 $\lim\limits_{n \to \infty} S_n$ 存在，即级数 $\sum\limits_{n=1}^{\infty} u_n$ 收敛.

反过来，若级数 $\sum\limits_{n=1}^{\infty} u_n$ 收敛，即 $\lim\limits_{n \to \infty} S_n$ 存在，根据极限存在的数列必为有界数列的性质可知，部分和数列 $\{S_n\}$ 是有界的.

定理 8.2（比较审敛法）   设 $\sum\limits_{n=1}^{\infty} u_n$ 和 $\sum\limits_{n=1}^{\infty} v_n$ 都是正项级数，且 $u_n \leqslant v_n (n=1,2,\cdots)$.

(1) 若级数 $\sum\limits_{n=1}^{\infty} v_n$ 收敛，则级数 $\sum\limits_{n=1}^{\infty} u_n$ 亦收敛；

(2) 若级数 $\sum\limits_{n=1}^{\infty} u_n$ 发散，则级数 $\sum\limits_{n=1}^{\infty} v_n$ 亦发散.

证明   (1) 设 $\sum\limits_{n=1}^{\infty} v_n$ 收敛于 σ，由 $u_n \leqslant v_n (n=1,2,\cdots)$，$\sum\limits_{n=1}^{\infty} u_n$ 的部分和 S_n 满足

$$S_n = u_1 + u_2 + \cdots + u_n \leqslant v_1 + v_2 + \cdots + v_n \leqslant \sigma,$$

即单调增加的部分和数列 S_n 有上界，据基本定理知，$\sum\limits_{n=1}^{\infty} u_n$ 收敛.

(2) 反证法：假设 $\sum\limits_{n=1}^{\infty} v_n$ 收敛，则由(1)可知 $\sum\limits_{n=1}^{\infty} u_n$ 也收敛，这与 $\sum\limits_{n=1}^{\infty} u_n$ 发散矛盾，于是 $\sum\limits_{n=1}^{\infty} v_n$ 发散.

【例 1】   证明：级数 $\sum\limits_{n=1}^{\infty} \dfrac{1}{n!}$ 收敛.

证明   因为级数的一般项满足 $\dfrac{1}{n!} \leqslant \dfrac{1}{2^{n-1}} (n=1,2,\cdots)$，

而等比级数 $\sum\limits_{n=1}^{\infty} \left(\dfrac{1}{2}\right)^{n-1}$ 是收敛的，根据定理 8.2 可得，级数 $\sum\limits_{n=1}^{\infty} \dfrac{1}{n!}$ 收敛.

【例 2】   讨论 p 级数 $\sum\limits_{n=1}^{\infty} \dfrac{1}{n^p} = 1 + \dfrac{1}{2^p} + \dfrac{1}{3^p} + \cdots + \dfrac{1}{n^p} + \cdots$ 的敛散性（其中常数 $p>0$）.

解   当 $0<p \leqslant 1$ 时，则 $n^p \leqslant n$，所以 $\dfrac{1}{n^p} \geqslant \dfrac{1}{n}$，又因为调和级数 $\sum\limits_{n=1}^{\infty} \dfrac{1}{n}$ 发散，故 $\sum\limits_{n=1}^{\infty} \dfrac{1}{n^p}$ 亦发散；当 $p>1$ 时，

$$S_n = 1 + \frac{1}{2^p} + \frac{1}{3^p} + \cdots + \frac{1}{n^p} < 1 + \int_1^2 \frac{1}{x^p} \mathrm{d}x + \int_2^3 \frac{1}{x^p} \mathrm{d}x + \cdots + \int_{n-1}^n \frac{1}{x^p} \mathrm{d}x$$

$$= 1 + \int_1^n \frac{1}{x^p} \mathrm{d}x = 1 + \frac{n^{1-p} - 1}{1-p} = 1 + \frac{1 - n^{1-p}}{p-1} < 1 + \frac{1}{p-1}.$$

因此，部分和 S_n 有上界，所以 $\sum\limits_{n=1}^{\infty} \dfrac{1}{n^p}$ 收敛.

综上讨论，当 $0<p \leqslant 1$ 时，p 级数是发散的；当 $p>1$ 时，p 级数是收敛的.

【说明】   类似 p 级数的正项级数的敛散性可以与 p 级数比较.

定理 8.3（达朗贝尔比值审敛法）   设有正项级数 $\sum\limits_{n=1}^{\infty} u_n$，若 $\lim\limits_{n \to \infty} \dfrac{u_{n+1}}{u_n} = \rho$，则

(1) 当 $\rho < 1$ 时，级数收敛；

(2) 当 $\rho > 1$（也包括 $\rho - +\infty$）时，级数发散；

(3) 当 $\rho = 1$ 时，级数的敛散性不确定.

【例 3】   判定级数 $\sum\limits_{n=1}^{\infty} \dfrac{3^n}{n^2}$ 的敛散性.

解　因为 $\lim\limits_{n\to\infty}\dfrac{u_{n+1}}{u_n}=\lim\limits_{n\to\infty}\dfrac{\dfrac{3^{n+1}}{(n+1)^2}}{\dfrac{3^n}{n^2}}=\lim\limits_{n\to\infty}\dfrac{3(n+1)^2}{n^2}=3>1,$

由比值审敛法,级数 $\sum\limits_{n=1}^{\infty}\dfrac{3^n}{n^2}$ 是发散的.

【例 4】　判定级数 $\sum\limits_{n=1}^{\infty}\dfrac{4^n}{n!}$ 的敛散性.

解　因为 $\lim\limits_{n\to\infty}\dfrac{u_{n+1}}{u_n}=\lim\limits_{n\to\infty}\dfrac{\dfrac{4^{n+1}}{(n+1)!}}{\dfrac{4^n}{n!}}=\lim\limits_{n\to\infty}\dfrac{4}{n+1}=0<1,$ 由比值审敛法,级数 $\sum\limits_{n=1}^{\infty}\dfrac{4^n}{n!}$

收敛.

【例 5】　判定级数 $\sum\limits_{n=1}^{\infty}\dfrac{n!}{n^n}$ 的敛散性.

解　因为 $\lim\limits_{n\to\infty}\dfrac{u_{n+1}}{u_n}=\lim\limits_{n\to\infty}\dfrac{\dfrac{(n+1)!}{(n+1)^{n+1}}}{\dfrac{(n)!}{n^n}}=\lim\limits_{n\to\infty}\dfrac{n^n}{(n+1)^n}=\lim\limits_{n\to\infty}\dfrac{1}{(1+\dfrac{1}{n})^n}=\dfrac{1}{e}<1,$ 所以

$\sum\limits_{n=1}^{\infty}\dfrac{n!}{n^n}$ 收敛.

8.2.2　交错级数及其审敛法

定义 8.5　如果级数 $\sum\limits_{n=1}^{\infty}(-1)^{n-1}u_n$ 中 $u_n>0$,则称此级数为交错级数.

定理 8.4(莱布尼兹审敛法)　如果交错级数 $\sum\limits_{n=1}^{\infty}(-1)^{n-1}u_n(u_n>0)$ 满足条件:

(1) $u_n\geqslant u_{n+1}(n=1,2,\cdots)$;

(2) $\lim\limits_{n\to\infty}u_n=0,$

则交错级数收敛,且其和 $S\leqslant u_1$,余项 r_n 的绝对值 $|r_n|\leqslant u_{n+1}.$

【例 1】　判断交错级数 $\sum\limits_{n=1}^{\infty}(-1)^{n-1}\dfrac{1}{n}$ 的敛散性.

解　因为　　　　　$u_n=\dfrac{1}{n}>\dfrac{1}{n+1}=u_{n+1}(n=1,2,\cdots),$

又因为　　　　　　　$\lim\limits_{n\to\infty}u_n=\lim\limits_{n\to\infty}\dfrac{1}{n}=0,$

故交错级数 $\sum\limits_{n=1}^{\infty}(-1)^{n-1}\dfrac{1}{n}$ 收敛.

【例 2】　判断交错级数 $\sum\limits_{n=1}^{\infty}(-1)^{n-1}\dfrac{n}{3^n}$ 的敛散性.

解　因为　　　　　$u_n-u_{n+1}=\dfrac{n}{3^n}-\dfrac{n+1}{3^{n+1}}=\dfrac{2n-1}{3^{n+1}}>0,$

即 $$u_n \geqslant u_{n+1}(n=1,2,\cdots),$$

又因为 $$\lim_{n\to\infty}u_n = \lim_{n\to\infty}\frac{n}{3^n}=0,$$

故交错级数 $\sum_{n=1}^{\infty}(-1)^{n-1}\dfrac{n}{3^n}$ 收敛.

8.2.3　条件收敛与绝对收敛

定义 8.6　设级数 $\sum_{n=1}^{\infty}u_n$ 的各项 $u_n(n=1,2,\cdots)$ 为任意实数,若级数 $\sum_{n=1}^{\infty}u_n$ 的各项的绝对值所构成的正项级数 $\sum_{n=1}^{\infty}|u_n|$ 收敛,则称 $\sum_{n=1}^{\infty}u_n$ 绝对收敛. 若级数 $\sum_{n=1}^{\infty}u_n$ 收敛,而级数 $\sum_{n=1}^{\infty}|u_n|$ 发散,则称级数 $\sum_{n=1}^{\infty}u_n$ 条件收敛.

由 p 级数的敛散性结论可知 $\sum_{n=1}^{\infty}(-1)^{n-1}\dfrac{1}{n^2}$ 绝对收敛,结合例 1 可知 $\sum_{n=1}^{\infty}(-1)^{n-1}\dfrac{1}{n}$ 条件收敛.

对于 $\sum_{n=1}^{\infty}u_n$ 各项的绝对值所组成的正项级数 $\sum_{n=1}^{\infty}|u_n|$ 和级数 $\sum_{n=1}^{\infty}u_n$ 的敛散性有如下关系:

定理 8.5　如果级数 $\sum_{n=1}^{\infty}|u_n|$ 收敛,则级数 $\sum_{n=1}^{\infty}u_n$ 必收敛.

由定理 8.5 可将任意项级数的敛散性判定转化成正项级数的收敛性判定.

【例 3】　判定任意项级数 $\sum_{n=1}^{\infty}\dfrac{\sin(n\alpha)}{n^3}$ 的敛散性(其中 α 为实数).

解　因为 $$\left|\frac{\sin(n\alpha)}{n^3}\right| \leqslant \frac{1}{n^3},$$

又因为 $\sum_{n=1}^{\infty}\dfrac{1}{n^3}$ 收敛,由比较判别法知 $\sum_{n=1}^{\infty}\left|\dfrac{\sin(n\alpha)}{n^3}\right|$ 收敛,

由定理 8.5 知,级数 $\sum_{n=1}^{\infty}\dfrac{\sin(n\alpha)}{n^3}$ 收敛.

▶▶▶▶ 习题 8.2 ◀◀◀◀

1. 填空题:

(1) 级数 $\sum_{n=1}^{\infty}\dfrac{1}{n^p}$,当 $p=$ ＿＿＿＿＿＿＿ 时收敛,当 $p=$ ＿＿＿＿＿＿＿ 时发散;

(2) 若 $\sum_{n=1}^{\infty}u_n$ 为正项级数,且 $\lim_{n\to\infty}\dfrac{u_{n+1}}{u_n}=\rho$,则当 ρ ＿＿＿＿＿＿＿ 时级数收敛;
当 ρ ＿＿＿＿＿＿＿ 时级数发散;当 ρ ＿＿＿＿＿＿＿ 时可能收敛也可能发散.

2. 单项选择题:

(1) 对于级数 $\sum\limits_{n=1}^{\infty}(-1)^{n}\dfrac{1}{n^{p}}$,以下结论正确的是(　　).

    A. 当 $p>1$ 时级数条件收敛　　　　　　B. 当 $p>1$ 时级数绝对收敛

    C. 当 $0<p\leqslant1$ 时级数绝对收敛　　　D. 当 $0<p\leqslant1$ 时级数发散

(2) 下列级数条件收敛的是(　　).

    A. $\sum\limits_{n=1}^{\infty}(-1)^{n-1}\dfrac{1}{\sqrt{n}}$ B. $\sum\limits_{n=1}^{\infty}(-1)^{n-1}\dfrac{1}{2^{n}}$

    C. $\sum\limits_{n=1}^{\infty}(-1)^{n-1}\dfrac{n+1}{2n-1}$ D. $\sum\limits_{n=1}^{\infty}(-1)^{n-1}\dfrac{n}{\sqrt{2n^{2}-1}}$

3. 用比较审敛法判别下列级数的敛散性:

(1) $\sum\limits_{n=1}^{\infty}\dfrac{1}{n\sqrt{n+1}}$;　　　　(2) $\sum\limits_{n=1}^{\infty}\dfrac{2+n}{3+n^{2}}$;　　　　(3) $\sum\limits_{n=1}^{\infty}\dfrac{1}{3+2^{n}}$.

4. 用比值审敛法判别下列级数的敛散性:

(1) $\sum\limits_{n=1}^{\infty}\dfrac{3^{n}}{n}$;　　　　　　　　　　(2) $\sum\limits_{n=1}^{\infty}\dfrac{2^{n}\cdot n!}{n^{n}}$.

5. 判别下列级数的敛散性,若收敛,指出是条件收敛还是绝对收敛.

(1) $\sum\limits_{n=1}^{\infty}(-1)^{n-1}\dfrac{1}{3n-1}$;　　　　　(2) $\sum\limits_{n=1}^{\infty}(-1)^{n-1}\dfrac{n}{2^{n-1}}$;

(3) $\sum\limits_{n=1}^{\infty}(-1)^{n-1}\dfrac{1}{n(n+2)}$;　　　(4) $\sum\limits_{n=1}^{\infty}(-1)^{n-1}\dfrac{1}{\sqrt{n}}$;

(5) $\sum\limits_{n=1}^{\infty}\dfrac{\cos n\alpha}{n^{2}}$;　　　　　　　　(6) $\sum\limits_{n=1}^{\infty}(-1)^{n}\dfrac{1}{\ln(n+1)}$.

§8.3　幂级数

8.3.1　函数项级数的一般概念

定义 8.7　设有定义在区间 I 上的函数列 $u_{1}(x),u_{2}(x),\cdots,u_{n}(x),\cdots$,由此函数列构成的表达式

$$\sum_{n=1}^{\infty}u_{n}(x)=u_{1}(x)+u_{2}(x)+\cdots+u_{n}(x)+\cdots$$

称作**函数项无穷级数**,简称**函数项级数**.

对于确定的值 $x_{0}\in I$,函数项级数 $\sum\limits_{n=1}^{\infty}u_{n}(x)$ 成为常数项级数 $\sum\limits_{n=1}^{\infty}u_{n}(x_{0})$.

若 $\sum\limits_{n=1}^{\infty}u_{n}(x_{0})$ 收敛,则称点 x_{0} 是函数项级数 $\sum\limits_{n=1}^{\infty}u_{n}(x)$ 的**收敛点**,若 $\sum\limits_{n=1}^{\infty}u_{n}(x_{0})$ 发散,则称

点 x_{0} 是函数项级数 $\sum\limits_{n=1}^{\infty}u_{n}(x)$ 的**发散点**,函数项级数的所有收敛点的集合称为它的**收敛域**,

函数项级数的所有发散点的集合称为它的**发散域**.

对于函数项级数收敛域内任意一点 x，$\sum_{n=1}^{\infty} u_n(x)$ 收敛的和与 x 的取值相关，故其和为 x 的函数，设为 $S(x)$. 通常称 $S(x)$ 为函数项级数的**和函数**. 它的定义域就是级数的收敛域，并记 $S(x) = u_1(x) + u_2(x) + \cdots + u_n(x) + \cdots$.

若将函数项级数 $\sum_{n=1}^{\infty} u_n(x)$ 的前 n 项之和（即部分和）记作 $S_n(x)$，则在收敛域上必有 $\lim_{n \to \infty} S_n(x) = S(x)$. $r_n(x) = S(x) - S_n(x)$ 称作函数项级数的**余项**，且 $\lim_{n \to \infty} r_n(x) = 0$.

8.3.2　幂级数及其收敛性

函数项级数中最常见的一类级数是幂级数.

定义 8.8　形式为 $a_0 + a_1(x - x_0) + a_2(x - x_0)^2 + \cdots + a_n(x - x_0)^n + \cdots$ 的级数，称为 $x - x_0$ 的**幂级数**，简记作 $\sum_{n=0}^{\infty} a_n(x - x_0)^n$，其中 $a_n(n = 0, 1, 2, \cdots)$ 均为常数，称为幂级数的系数. 当 $x_0 = 0$ 时，得级数 $\sum_{n=0}^{\infty} a_n x^n = a_0 + a_1 x + a_2 x^2 + \cdots + a_n x^n + \cdots$，称为 x 的幂级数.

$\sum_{n=0}^{\infty} a_n(x - x_0)^n$ 是幂级数的一般形式，作变量代换 $t = x - x_0$ 可以把它化为 $\sum_{n=0}^{\infty} a_n t^n$，即 $\sum_{n=0}^{\infty} a_n x^n$ 的形式. 因此，在下述讨论中，如不作特殊说明，我们用幂级数 $\sum_{n=0}^{\infty} a_n x^n$ 作为讨论的对象.

先看一个典型的例子，考察等比级数（显然也是幂级数）$1 + x + x^2 + \cdots + x^n + \cdots$ 的收敛性.

当 $|x| < 1$ 时，该级数收敛于 $\dfrac{1}{1-x}$；

当 $|x| \geqslant 1$ 时，该级数发散.

因此，该幂级数在开区间 $(-1, 1)$ 内收敛，在 $(-\infty, -1]$ 及 $[1, +\infty)$ 内发散.

由此例，我们观察到，该**幂级数的收敛域是在一个区间上**. 这一结论对一般的幂级数也成立.

定理 8.6（阿贝尔定理）　若幂级数 $\sum_{n=0}^{\infty} a_n x^n$ 当 $x = x_0(\neq 0)$ 时收敛，则适合不等式 $|x| < |x_0|$ 的一切 x 使该幂级数绝对收敛；若幂级数 $\sum_{n=0}^{\infty} a_n x^n$ 当 $x = x_0(\neq 0)$ 时发散，则适合不等式 $|x| > |x_0|$ 的一切 x 使该幂级数发散.

阿贝尔定理揭示了幂级数的收敛域的特点.

对于幂级数 $\sum_{n=0}^{\infty} a_n x^n$，若在 $x = x_0(\neq 0)$ 处收敛，则在开区间 $(-|x_0|, |x_0|)$ 之内，它亦收敛；若在 $x = x_0(\neq 0)$ 处发散，则在开区间 $(-|x_0|, |x_0|)$ 之外，它亦发散. 这表明，幂级数的发散点不可能位于原点与收敛点之间.

推论　如果幂级数 $\sum_{n=0}^{\infty} a_n x^n$ 不是仅在原点收敛，也不是在整个数轴上都收敛，则必有一

个确定的正数 R 存在,使得:

(1) 当 $|x| < R$ 时,幂级数 $\sum\limits_{n=0}^{\infty} a_n x^n$ 绝对收敛;

(2) 当 $|x| > R$ 时,幂级数 $\sum\limits_{n=0}^{\infty} a_n x^n$ 发散;

(3) 当 $x = \pm R$ 时,幂级数 $\sum\limits_{n=0}^{\infty} a_n x^n$ 可能收敛,也可能发散.

正数 R 称作幂级数 $\sum\limits_{n=0}^{\infty} a_n x^n$ 的**收敛半径**,区间 $(-R, R)$ 叫作幂级数的**收敛区间**.

进一步讨论 $x = \pm R$ 处的收敛性,得到相应的幂级数的收敛域为 $(-R, R)$、$(-R, R]$、$[-R, R)$ 或 $[-R, R]$.

特别地,如果幂级数只在 $x = 0$ 处收敛,则表示收敛半径 $R = 0$;如果幂级数对一切 x 都收敛,则表示收敛半径 $R = +\infty$.

定理 8.7 设有幂级数 $\sum\limits_{n=0}^{\infty} a_n x^n$,且 $\lim\limits_{n \to \infty} \left| \dfrac{a_{n+1}}{a_n} \right| = \rho$,如果

(1)$\rho \neq 0$,则收敛半径 $R = \dfrac{1}{\rho}$,$\sum\limits_{n=0}^{\infty} a_n x^n$ 的收敛区间为 $(-R, R)$;

(2)$\rho = 0$,则收敛半径 $R = +\infty$,$\sum\limits_{n=0}^{\infty} a_n x^n$ 的收敛区间为 $(-\infty, \infty)$;

(3)$\rho = +\infty$,则收敛半径 $R = 0$,$\sum\limits_{n=0}^{\infty} a_n x^n$ 只在 $x = 0$ 处收敛.

对于结论(1),如果再讨论级数 $\sum\limits_{n=0}^{\infty} a_n x^n$ 在 $x = \pm R$ 处的敛散性,就会得到相应的收敛域为 $(-R, R)$、$(-R, R]$、$[-R, R)$ 或 $[-R, R]$.

【例 1】 求幂级数 $x - \dfrac{x^2}{2} + \dfrac{x^3}{3} - \cdots + (-1)^{n-1} \dfrac{x^n}{n} + \cdots$ 的收敛半径、收敛区间和收敛域.

解 因为

$$\rho = \lim_{n \to \infty} \left| \frac{a_{n+1}}{a_n} \right| = \lim_{n \to \infty} \left| (-1)^n \frac{1}{n+1} \Big/ (-1)^{n-1} \frac{1}{n} \right| = \lim_{n \to \infty} \frac{n}{n+1} = 1,$$

所以 $R = 1$,则收敛区间为 $(-1, 1)$.

在左端点 $x = -1$,幂级数成为 $-1 - \dfrac{1}{2} - \dfrac{1}{3} - \cdots - \dfrac{1}{n} - \cdots$ 它是发散的;在右端点 $x = 1$,幂级数成为 $1 - \dfrac{1}{2} + \dfrac{1}{3} - \cdots + (-1)^{n-1} \dfrac{1}{n} + \cdots$ 它是收敛的. 综合以上,原幂级数的收敛域为 $(-1, 1]$.

【例 2】 求幂级数 $\sum\limits_{n=1}^{\infty} (-1)^{n-1} \dfrac{1}{n!} x^n$ 的收敛半径、收敛区间和收敛域.

解 因为

$$\rho = \lim_{n \to \infty} \left| \frac{a_{n+1}}{a_n} \right| = \lim_{n \to \infty} \left| \frac{1}{(n+1)!} \Big/ \frac{1}{n!} \right| = \lim_{n \to \infty} \frac{1}{n+1} = 0,$$

所以级数 $\sum\limits_{n=1}^{\infty} (-1)^{n-1} \dfrac{1}{n!} x^n$ 的收敛半径为 $R = +\infty$,收敛区间及收敛域均为 $(-\infty, +\infty)$.

【例 3】　求幂级数 $\sum\limits_{n=1}^{\infty} n^n x^n$ 的收敛半径、收敛区间和收敛域.

解　$\rho = \lim\limits_{n\to\infty}\left|\dfrac{a_{n+1}}{a_n}\right| = \lim\limits_{n\to\infty}\left|\dfrac{(n+1)^{n+1}}{n^n}\right| = \lim\limits_{n\to\infty}(n+1)(1+\dfrac{1}{n})^n = +\infty$，则级数的收敛半径 $R=0$，级数只在 $x=0$ 处收敛.

【例 4】　求幂级数 $\sum\limits_{n=1}^{\infty}\dfrac{n}{3^n}(x-1)^n$ 的收敛半径、收敛区间和收敛域.

解　设 $t=x-1$，则级数 $\sum\limits_{n=1}^{\infty}\dfrac{n}{3^n}(x-1)^n$ 变形为 $\sum\limits_{n=1}^{\infty}\dfrac{n}{3^n}t^n$，故

$$\rho = \lim\limits_{n\to\infty}\left|\dfrac{a_{n+1}}{a_n}\right| = \lim\limits_{n\to\infty}\left|\dfrac{(n+1)}{3^{(n+1)}} \Big/ \dfrac{n}{3^n}\right| = \lim\limits_{n\to\infty}\dfrac{n+1}{3n} = \dfrac{1}{3}.$$

则级数 $\sum\limits_{n=1}^{\infty}\dfrac{n}{3^n}t^n$ 的收敛半径 $R=3$，收敛区间为 $(-3,+3)$；以 $t=x-1$ 回代得 $-3<x-1<3$，即 $-2<x<4$，级数 $\sum\limits_{n=1}^{\infty}\dfrac{n}{3^n}(x-1)^n$ 的收敛区间为 $-2<x<4$，把 $x=-2$，$x=4$ 代入 $\sum\limits_{n=1}^{\infty}\dfrac{n}{3^n}(x-1)^n$ 中得 $\sum\limits_{n=1}^{\infty}(-1)^n n$ 和 $\sum\limits_{n=1}^{\infty}n$ 这两个级数都发散，则 $\sum\limits_{n=1}^{\infty}\dfrac{n}{3^n}(x-1)^n$ 的收敛域为 $(-2,4)$.

【例 5】　求幂级数 $\sum\limits_{n=1}^{\infty}\dfrac{2n-1}{2^n}x^{2n-2}$ 的收敛半径、收敛区间和收敛域.

解　此幂级数缺少奇次幂项，根据比值审敛法的原理，得

$$\lim\limits_{n\to\infty}\left|\dfrac{u_{n+1}(x)}{u_n(x)}\right| = \lim\limits_{n\to\infty}\left|\dfrac{2n+1}{2^{n+1}}x^{2n-2} \Big/ \dfrac{2n-1}{2^n}x^{2n-2}\right| = \lim\limits_{n\to\infty}\dfrac{2n+1}{4n-2}|x|^2 = \dfrac{1}{2}|x|^2.$$

当 $\dfrac{1}{2}|x|^2<1$，即 $|x|<\sqrt{2}$ 时，幂级数收敛，收敛区间为 $(-\sqrt{2},\sqrt{2})$；当 $\dfrac{1}{2}|x|^2>1$，即 $|x|>\sqrt{2}$ 时，幂级数发散.

对于左端点 $x=-\sqrt{2}$，幂级数成为

$$\sum\limits_{n=1}^{\infty}\dfrac{2n-1}{2^n}(-\sqrt{2})^{2n-2} = \sum\limits_{n=1}^{\infty}\dfrac{2n-1}{2^n}\cdot 2^{n-1} = \sum\limits_{n=1}^{\infty}\dfrac{2n-1}{2},$$

它是发散的.

对于右端点 $x=\sqrt{2}$，幂级数成为

$$\sum\limits_{n=1}^{\infty}\dfrac{2n-1}{2^n}(\sqrt{2})^{2n-2} = \sum\limits_{n=1}^{\infty}\dfrac{2n-1}{2^n}\cdot 2^{n-1} = \sum\limits_{n=1}^{\infty}\dfrac{2n-1}{2},$$

它也是发散的.

综上所述，幂级数的收敛半径为 $\sqrt{2}$，收敛区间为 $(-\sqrt{2},\sqrt{2})$，收敛域为 $(-\sqrt{2},\sqrt{2})$.

8.3.3　幂级数的运算

幂级数的运算具有以下性质：

性质 1（幂级数的加减运算性质）　设幂级数 $\sum\limits_{n=1}^{\infty}a_n x^n$ 及 $\sum\limits_{n=1}^{\infty}b_n x^n$ 的收敛区间分别为

$(-R_1, R_1)$ 与 $(-R_2, R_2)$，记

$$R = \min\{R_1, R_2\}.$$

当 $|x| < R$ 时，有

$$\sum_{n=1}^{\infty} a_n x^n \pm \sum_{n=1}^{\infty} b_n x^n = \sum_{n=1}^{\infty} (a_n \pm b_n) x^n.$$

性质 2（幂级数的和函数的性质） 幂级数 $\sum\limits_{n=1}^{\infty} a_n x^n$ 的和函数 $S(x)$ 在收敛区间 $(-R, R)$ 内连续. 若幂级数在收敛区间的左端点 $x = -R$ 收敛，则其和函数 $S(x)$ 在 $x = -R$ 处右连续，即

$$\lim_{x \to -R+0} S(x) = \sum_{n=0}^{\infty} a_n (-R)^n;$$

若幂级数在收敛区间的右端点 $x = R$ 处收敛，则其和函数 $S(x)$ 在 $x = R$ 处左连续，即

$$\lim_{x \to R-0} S(x) = \sum_{n=0}^{\infty} a_n (R)^n.$$

【说明】 这一性质在求某些特殊的数项级数之和时，非常有用.

性质 3（幂级数的逐项求导性质） 幂级数 $\sum\limits_{n=1}^{\infty} a_n x^n$ 的和函数 $S(x)$ 在收敛区间 $(-R, R)$ 内可导，且有

$$S'(x) = \left(\sum_{n=0}^{\infty} a_n x^n\right)' = \sum_{n=0}^{\infty} (a_n x^n)' = \sum_{n=1}^{\infty} n \cdot a_n x^{n-1}.$$

性质 4（幂级数的逐项求积分性质） 幂级数 $\sum\limits_{n=1}^{\infty} a_n x^n$ 的和函数 $S(x)$ 在收敛区间 $(-R, R)$ 内可积，且有

$$\int_0^x S(x) \mathrm{d}x = \int_0^x \left(\sum_{n=0}^{\infty} a_n x^n\right) \mathrm{d}x = \sum_{n=0}^{\infty} \int_0^x a_n x^n \mathrm{d}x = \sum_{n=0}^{\infty} \frac{a_n}{n+1} x^{n+1}.$$

【例 6】 求数项级数 $1 - \dfrac{1}{2} + \dfrac{1}{3} - \dfrac{1}{4} + \cdots + (-1)^{n-1} \dfrac{1}{n} + \cdots$ 之和.

解 因为 $1 + x + x^2 + \cdots + x^{n-1} + \cdots = \dfrac{1}{1-x}(-1 < x < 1)$，则对上述等式两边同时逐项求积分，有

$$\int_0^x 1 \mathrm{d}x + \int_0^x x \mathrm{d}x + \int_0^x x^2 \mathrm{d}x + \cdots + \int_0^x x^{n-1} \mathrm{d}x + \cdots = \int_0^x \frac{1}{1-x} \mathrm{d}x,$$

得到

$$x + \frac{x^2}{2} + \frac{x^3}{3} \cdots + \frac{x^n}{n} + \cdots = -\ln(1-x).$$

当 $x = -1$ 时，幂级数成为

$$(-1) + \frac{(-1)^2}{2} + \cdots + \frac{(-1)^n}{n} + \cdots = -\left[1 - \frac{1}{2} + \frac{1}{3} - \cdots + (-1)^{n-1} \frac{1}{n} + \cdots\right],$$

它是一个收敛的交错级数.

当 $x = 1$ 时，幂级数成为 $1 + \dfrac{1}{2} + \dfrac{1}{3} + \dfrac{1}{4} + \cdots + \dfrac{1}{n} + \cdots$，它是调和级数，是发散的.

综合以上，有

$$x + \frac{x^2}{2} + \frac{x^3}{3} \cdots + \frac{x^n}{n} + \cdots = -\ln(1-x), (-1 \leqslant x < 1),$$

且有

$$-\left[1 - \frac{1}{2} + \frac{1}{3} - \cdots + (-1)^{n-1}\frac{1}{n} + \cdots \right] = -\ln 2,$$

所以

$$1 - \frac{1}{2} + \frac{1}{3} - \cdots + (-1)^{n-1}\frac{1}{n} + \cdots = \ln 2.$$

【例7】　求 $1 \cdot \frac{1}{2} + 2 \cdot \left(\frac{1}{2}\right)^2 + 3 \cdot \left(\frac{1}{2}\right)^3 + \cdots + n \cdot \left(\frac{1}{2}\right)^n + \cdots$ 的和.

解　考虑辅助幂级数 $x + 2x^2 + 3x^3 + \cdots + nx^n + \cdots$,

$$\rho = \lim_{n \to \infty} \left| \frac{a_{n+1}}{a_n} \right| = \lim_{n \to \infty} \frac{n+1}{n} = 1,$$

所以 $R = 1$.

设 $S(x) = x + 2x^2 + 3x^3 + \cdots + nx^n + \cdots (-1 < x < 1)$,则

$$\begin{aligned} S(x) &= x(1 + 2x + 3x^2 + \cdots + nx^{n-1} + \cdots) \\ &= x \cdot (x + x^2 + \cdots + x^n + \cdots)' \\ &= x \cdot \left(\frac{x}{1-x}\right)' = x \cdot \frac{1}{(1-x)^2}. \end{aligned}$$

故当 $-1 < x < 1$ 时,有

$$x + 2x^2 + 3x^3 + \cdots + nx^n + \cdots = \frac{x}{(1-x)^2}.$$

令 $x = \frac{1}{2}$,得

$$\frac{1}{2} + \frac{2}{2^2} + \frac{3}{2^3} + \cdots + \frac{n}{2^n} + \cdots = \frac{\frac{1}{2}}{(1 - \frac{1}{2})^2} = 2.$$

【例8】　求 $\sum\limits_{n=1}^{\infty} (-1)^{n+1} \frac{x^{n+1}}{n(n+1)}$ 的和函数.

解　因为

$$\rho = \lim_{n \to \infty} \left| \frac{a_{n+1}}{a_n} \right| = \lim_{n \to \infty} \left| (-1)^{n+2} \frac{1}{(n+1)(n+2)} \Big/ (-1)^{n+1} \frac{1}{n(n+1)} \right| = \lim_{n \to \infty} \frac{n}{n+2} = 1,$$

则 $R = 1$.

设

$$S(x) = \sum_{n=1}^{\infty} (-1)^{n+1} \frac{x^{n+1}}{n(n+1)} (-1 < x < 1),$$

则

$$S'(x) = \sum_{n=1}^{\infty} (-1)^{n+1} \frac{x^n}{n},$$

$$S''(x) = \sum_{n=1}^{\infty} (-1)^{n+1} x^{n-1} = 1 - x + x^2 + \cdots = \frac{1}{1+x},$$

$$\int_0^x S''(x)\mathrm{d}x = \int_0^x \frac{1}{1+x}\mathrm{d}x,$$

则
$$S'(x) - S'(0) = \ln(1+x).$$

又因为 $S'(0) = \sum_{n=1}^{\infty} (-1)^{n+1} \frac{0^n}{n} = 0$,所以

$$S'(x) = \ln(1+x),$$

$$\int_0^x S'(x)\mathrm{d}x = \int_0^x \ln(1+x)\mathrm{d}x,$$

$$S(x) - S(0) = (1+x)\ln(1+x) \mid_0^x - \int_0^x \mathrm{d}x.$$

则有
$$S(x) = (1+x)\ln(1+x) - x.$$

当 $x = -1$ 时,幂级数成为 $\sum_{n=1}^{\infty} (-1)^{n+1} \frac{(-1)^{n+1}}{n(n+1)} = \sum_{n=1}^{\infty} \frac{1}{n(n+1)}$,它是收敛的;

当 $x = 1$ 时,幂级数成为 $\sum_{n=1}^{\infty} (-1)^{n+1} \frac{1^{n+1}}{n(n+1)} = \sum_{n=1}^{\infty} \frac{(-1)^{n+1}}{n(n+1)}$,它是收敛的;

因此,当 $[-1,1]$ 时,有 $\sum_{n=1}^{\infty} (-1)^{n+1} \frac{x^{n+1}}{n(n+1)} = (1+x)\ln(1+x) - x.$

▶▶▶▶ 习题 8.3 ◀◀◀◀

1. 填空题:

(1) 若幂级数 $\sum_{n=1}^{\infty} a_n (x-3)^n$ 在 $x = 0$ 处收敛,则其在 $x = 5$ 处_____(收敛或发散);

(2) 若 $\lim_{n\to\infty} \left| \frac{a_n}{a_{n+1}} \right| = 3$,则幂级数 $\sum_{n=1}^{\infty} a_n x^n$ 的收敛半径为_____;

(3) $\sum_{n=1}^{\infty} \frac{(-2)^n x^n}{n}$ 的收敛区间是_____.

2. 求下列级数的收敛半径与收敛区间:

(1) $\sum_{n=1}^{\infty} 2n x^n$;   (2) $\sum_{n=1}^{\infty} (-1)^n \frac{x^n}{n^3}$;

(3) $\sum_{n=1}^{\infty} \frac{x^n}{n \cdot 2^n}$;   (4) $\sum_{n=1}^{\infty} (-1)^n \frac{x^{2n+1}}{2n+1}$.

3. 求幂级数 $\sum_{n=1}^{\infty} \frac{x^{2n}}{5^n}$ 的收敛域.

4. 利用逐项求导或逐项积分,求下列级数在收敛区间的和函数:

(1) $\sum_{n=1}^{\infty} n x^{n-1}, (-1 < x < 1)$;

(2) $\sum_{n=1}^{\infty} \frac{x^{2n-1}}{2n-1}, (-1 < x < 1)$.

§8.4　函数展开成幂级数

前面讨论了幂级数在收敛域内的运算,本节讨论相反的问题,即把函数表示成幂级数的形式.

8.4.1　泰勒级数

定义 1　如果 $f(x)$ 在 $x = x_0$ 处具有任意阶的导数,我们把级数

$$f(x_0) + \frac{f'(x_0)}{1!}(x - x_0) + \frac{f''(x_0)}{2!}(x - x_0)^2 + \cdots + \frac{f^{(n)}(x_0)}{n!}(x - x_0)^n + \cdots$$

称为函数 $f(x)$ 在 $x = x_0$ 处的**泰勒级数**.

特别地,当 $x_0 = 0$ 时,

$$f(x) = f(0) + \frac{f'(0)}{1!}x + \frac{f''(0)}{2!}x^2 + \cdots + \frac{f^{(n)}(0)}{n!}x^n + \cdots,$$

这时,我们称**函数 $f(x)$ 可展开成麦克劳林级数**.

8.4.2　函数展开成幂级数

1. 直接展开法

利用麦克劳林公式将函数 $f(x)$ 展开成 x 幂级数的方法称作**直接展开法**,其一般步骤如下:

(1)求出函数 $f(x)$ 的各阶导数;

(1)求各阶导数在 $x = 0$ 的值 $f(0), f'(0), f''(0), \cdots, f^{(n)}(0), \cdots$;

(2)写出麦克劳林级数

$$f(0) + \frac{f'(0)}{1!}x + \frac{f''(0)}{2!}x^2 + \cdots + \frac{f^{(n)}(0)}{n!}x^n + \cdots,$$

并求其收敛半径 R 和收敛域.

【例 1】　将函数 $f(x) = \mathrm{e}^x$ 展开成麦克劳林级数.

解　因为 $f^{(n)}(x) = \mathrm{e}^x, f^{(n)}(0) = 1(n = 0, 1, 2, \cdots)$,于是得麦克劳林级数

$$1 + \frac{x}{1!} + \frac{x^2}{2!} + \cdots + \frac{x^n}{n!} + \cdots.$$

又

$$\rho = \lim_{n \to \infty} \left| \frac{a_{n+1}}{a_n} \right| = \lim_{n \to \infty} \left| \frac{1}{(n+1)!} \middle/ \frac{1}{n!} \right| = \lim_{n \to \infty} \frac{1}{n+1} = 0,$$

所以 $R = +\infty$,因此

$$\mathrm{e}^x = 1 + \frac{x}{1!} + \frac{x^2}{2!} + \cdots + \frac{x^n}{n!} + \cdots, (-\infty < x < +\infty).$$

【例 2】　将函数 $f(x) = \sin x$ 在 $x = 0$ 处展开成幂级数.

解　因为 $f^{(n)}(x) = \sin\left(x + n \cdot \frac{\pi}{2}\right)(n = 0, 1, 2, \cdots)$,所以

$$f^{(n)}(0) = \sin\left(n \cdot \frac{\pi}{2}\right) = \begin{cases} 0, n = 0, 2, 4, \cdots \\ (-1)^{\frac{n-1}{2}}, n = 1, 3, 5, \cdots \end{cases}.$$

于是得幂级数

$$\frac{x}{1!} - \frac{x^3}{3!} + \frac{x^5}{5!} - \cdots + (-1)^{n-1} \frac{x^{2n-1}}{(2n-1)!} + \cdots,$$

半径为 $R = +\infty$.

因此,我们得到展开式

$$\sin x = \frac{x}{1!} - \frac{x^3}{3!} + \frac{x^5}{5!} - \cdots + (-1)^{n-1} \frac{x^{2n-1}}{(2n-1)!} + \cdots, x \in (-\infty, +\infty).$$

2. 间接展开法

虽然运用麦克劳林公式将函数展开成幂级数的方法步骤明确,但是运算过程过于烦琐. 因此可以利用一些已知函数的幂级数展开式,通过幂级数的运算求得另外一些函数的幂级数展开式. 这种求函数的幂级数展开式的方法称作间接展开法.

【**例3**】 将函数 $f(x) = \cos x$ 展开成 x 的幂级数.

解 对展开式

$$\sin x = \frac{x}{1!} - \frac{x^3}{3!} + \frac{x^5}{5!} - \cdots + (-1)^{n-1} \frac{x^{2n-1}}{(2n-1)!} + \cdots (-\infty < x < +\infty)$$

两边关于 x 逐项求导, 得

$$\cos x = 1 - \frac{x^2}{2!} + \frac{x^4}{4!} - \cdots, + (-1)^{n-1} \frac{x^{2n-2}}{(2n-2)!} + \cdots, x \in (-\infty, +\infty).$$

【**例4**】 将函数 $f(x) = \ln(1+x)$ 展开成 x 的幂级数.

解 因为

$$f'(x) = \frac{1}{1+x},$$

所以

$$\frac{1}{1+x} = 1 - x + x^2 - x^3 + \cdots + (-1)^n x^n + \cdots (-1 < x < 1).$$

将上式从 0 到 x 逐项积分得

$$\ln(1+x) = x - \frac{x^2}{2} + \frac{x^3}{3} - \cdots + (-1)^n \frac{x^{n+1}}{n+1} + \cdots.$$

当 $x = 1$ 时,交错级数 $1 - \frac{1}{2} + \frac{1}{3} - \cdots + (-1)^n \frac{1}{n+1} + \cdots$ 收敛. 故

$$\ln(1+x) = x - \frac{x^2}{2} + \frac{x^3}{3} - \cdots + (-1)^n \frac{x^{n+1}}{n+1} + \cdots (-1 < x \leqslant 1).$$

【**例5**】 将函数 $f(x) = \dfrac{1}{x^2 + 4x + 3}$ 展开成 $(x-1)$ 的幂级数.

解 作变量替换 $t = x - 1$,则 $x = t + 1$,有

$$f(x) = \frac{1}{(x+3)(x+1)} = \frac{1}{(t+4)(t+2)}$$

$$= \frac{1}{2(t+2)} - \frac{1}{2(t+4)} = \frac{1}{4(1+\frac{t}{2})} - \frac{1}{8(1+\frac{t}{4})}.$$

又因为

$$\frac{1}{4(1+\frac{t}{2})} = \frac{1}{4}\sum_{n=0}^{\infty}(-1)^n\left(\frac{t}{2}\right)^n\left(-1 < \frac{t}{2} < 1\right),$$

$$\frac{1}{8(1+\frac{t}{4})} = \frac{1}{8}\sum_{n=0}^{\infty}(-1)^n\left(\frac{t}{4}\right)^n\left(-1 < \frac{t}{4} < 1\right),$$

所以

$$f(x) = \frac{1}{4}\sum_{n=0}^{\infty}(-1)^n\left(\frac{t}{2}\right)^n - \frac{1}{8}\sum_{n=0}^{\infty}(-1)^n\left(\frac{t}{4}\right)^n(-2 < t < 2)$$

$$= \sum_{n=0}^{\infty}(-1)^n\left[\frac{1}{2^{n+2}} - \frac{1}{2^{2n+3}}\right] \cdot (x-1)^n(-1 < x < 3).$$

▶▶▶▶ 习题 8.4 ◀◀◀◀

1. 将下列函数展开成 x 的幂级数.

(1)$y = \ln(1-x)$；(2)$y = 2^x$.

2. 将函数 $f(x) = \dfrac{1}{1+x}$ 在点 $x = 1$ 处展开成幂级数.

3. 将函数 $f(x) = \cos x$ 展开成 $x + \dfrac{\pi}{4}$ 的幂级数.

高数小知识

隐没的数学天才阿贝尔

尼尔斯·亨利克·阿贝尔(1802—1829),挪威数学家,在很多数学领域做出了开创性的工作.他最著名的一个成果是首次完整给出了高于四次的一般代数方程没有一般形式的代数解的证明.这个问题是他那时最著名的未解决问题之一,悬疑达250多年.他也是椭圆函数领域的开拓者,阿贝尔函数的发现者.尽管阿贝尔成就极高,却在生前没有得到认可,他的生活非常贫困,死时只有27岁.

阿贝尔在数学方面的成就是多方面的.除了五次方程之外,他还研究了更广的一类代数方程,后人发现这是具有交换的伽罗瓦群的方程.为了纪念他,后人称交换群为阿贝尔群.阿贝尔还研究过无穷级数,得到了一些判别准则以及关于幂级数求和的定理.这些工作使他成为分析学严格化的推动者.

尼尔斯·亨利克·阿贝尔

阿贝尔和雅可比是公认的椭圆函数论的奠基者.阿贝尔发现了椭圆函数的加法定理、双

周期性,并引进了椭圆积分的反演.他研究了形如的积分(现称阿贝尔积分),其中 $R(x, y)$ 是 x 和 y 的有理函数,且存在二元多项式 f,使 $f(x, y) = 0$.他还证明了关于上述积分之和的定理,现称阿贝尔定理,它断言:若干个这种积分之和可以用 g 个这种积分之和加上一些代数的与对数的项表示出来,其中 g 只依赖于 f,就是 f 的亏格.阿贝尔这一系列工作为椭圆函数论的研究开拓了道路,并深刻地影响着其他数学分支.埃尔米特曾说:阿贝尔留下的思想可供数学家们工作 150 年.

法国科学院秘书傅立叶读了阿贝尔论文的引言,然后委托勒让得和柯西负责审查.柯西把稿件带回家中,究竟放在什么地方,竟记不起来了.直到两年以后阿贝尔已经去世,失踪的论文原稿才重新找到,而论文的正式发表,则迁延了 12 年之久.

直到阿贝尔去世前不久,人们才认识到他的价值.1828 年,四名法国科学院院士上书给挪威国王,请他为阿贝尔提供合适的科学研究位置,勒让德也在科学院会议上对阿贝尔大加称赞.在阿贝尔死后两天,克列尔写信说为阿贝尔成功争取于柏林大学(Freie Universität Berlin)当数学教授,可惜已经太迟,一代天才数学家已经在收到这个消息前去世了.此后荣誉和褒奖接踵而来,1830 年他和卡尔·雅可比共同获得法国科学院大奖.

第9章　多元函数的微分法及其应用

前　言

　　多元函数是一元函数的自然推广.因此它们有很多类似之处,如函数的概念、极限与连续的定义形式及一些研究方法等.但从一元到多元函数,不仅仅是自变量个数的变化,更重要的是有一些质的变化,因而一元函数的某些特性不能直接推广到多元函数中去.与只含一个自变量的一元函数相比,多元函数的自变量多于一个.从本质上讲多元函数是一元函数的升华,相应的理论和方法也可以从一元函数那里类比过来.多元函数及其微分法是一元函数及其微分法的推广和发展,它们有很多类似之处.在多元函数微分学的知识体系中,最重要的就是对基本概念的理解,也就是要理解多元函数的极限、连续、可导与可微.由于二元及二元以上的多元函数有着类似的微分性质,因此本章着重讨论二元函数的极限、连续等基本概念及其微分法.

教学知识

1. 多元函数的概念、极限、连续性、偏导数;
2. 全微分的概念,全微分存在的必要条件和充分条件;
3. 多元函数极值和条件极值的概念及其求法;
4. 复合函数求导法则,会求复合函数和隐函数的一阶偏导数;
5. 曲线的切线和法平面方程及曲面的切平面和法线方程.

重点难点

　　重点:二元函数的概念,偏导数的概念与计算,全微分的概念,多元复合函数的求导公式与计算,隐函数的求导方法,曲线切线的方向向量,曲面的切平面和法向量,曲线的切线和法平面方程及曲面的切平面和法线方程,多元函数极值的必要条件和充分条件,条件极值的拉格朗日乘数法.

　　难点:二元函数的极限与连续,偏导数存在与全微分之间的关系,多元复合函数的求导公式与计算,多元函数极值的充分条件,条件极值的拉格朗日乘数法.

§9.1 多元函数的基本概念

9.1.1 开区域和闭区域

讨论一元函数时,经常用到邻域和区间的概念.出于讨论多元函数的需要,我们首先把邻域和区间概念加以推广,同时还要涉及其他一些概念.

邻域 设 $p_0(x_0, y_0)$ 是 xOy 平面上的一个点,δ 是某一正数.与点 $p_0(x_0, y_0)$ 距离小于 δ 的点 $p(x, y)$ 的全体,称为**点 P_0 的 δ 邻域**,记为 $U(P_0, \delta)$,即

$$U(P_0, \delta) = \{P \mid |PP_0| < \delta\},$$

也就是

$$U(P_0, \delta) = \{(x, y) \mid \sqrt{(x - x_0)^2 + (y - y_0)^2} < \delta\}.$$

在几何上,$U(P_0, \delta)$ 就是 xOy 平面上以点 $p_0(x_0, y_0)$ 为中心、$\delta > 0$ 为半径的圆的内部的点 $P(x, y)$ 的全体.

设 E 是平面上的一个点集,P 是平面上的一个点. 如果存在点 P 的某一邻域 $U(P) \subset E$,则称 P 为 E 的**内点**. 显然,E 的内点属于 E.

如果 E 的点都是内点,则称 E 为**开集**. 例如,点集 $E_1 = \{(x, y) \mid 1 < x^2 + y^2 < 4\}$ 中每个点都是 E_1 的内点,因此 E_1 为开集.

如果点 P 的任一邻域内既有属于 E 的点,也有不属于 E 的点(点 P 本身可以属于 E,也可以不属于 E),则称 P 为 E 的**边界点**(图 9-1-1).E 的边界点的全体称为 E 的**边界**. 例如上例中,E_1 的边界是圆周 $x^2 + y^2 = 1$ 和 $x^2 + y^2 = 4$.

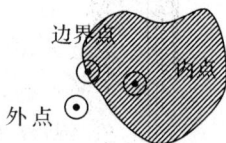

图 9-1-1

设 D 是开集. 如果对于点 D 内任何两点,都可用折线连接起来,且该折线上的点都属于 D,则称点集 D 是**连通的**. 连通的开集称为**区域**或**开区域**. 例如,$\{(x, y) \mid x + y > 1\}$ 及 $\{(x, y) \mid 6 < x^2 + y^2 < 9\}$ 都是开区域. 开区域连同它的边界一起,称为**闭区域**,例如,$\{(x, y) \mid x + y \geqslant 0\}$ 及 $\{(x, y) \mid x^2 + y^2 \leqslant 4\}$ 都是闭区域.

对于点集 E,如果存在正数 K,使任意两点 $P_1, P_2 \in E$ 之间的距离 $|P_1 P_2|$ 不超过 K,即

$$|P_1 P_2| \leqslant K, \text{ 对一切 } P_1, P_2 \in E \text{ 成立,}$$

则称 E 为**有界点集**,否则称 E 为**无界点集**. 例如,$\{(x, y) \mid \sqrt{x^2 + y^2} \leqslant 3\}$,$\{(x, y) \mid 1 \leqslant x^2 + y^2 \leqslant 4\}$ 是有界的,$\{(x, y) \mid x > 0, y > 0\}$,$\{(x, y) \mid x + y \geqslant 1\}$ 是无界的.

n 维空间 我们知道,数轴上的点与实数有一一对应关系,从而实数全体表示数轴上一切点的集合,即直线. 在平面上引入直角坐标系后,平面上的点与二元数组 (x, y) 一一对应,从而全体二元数组 (x, y) 表示平面上一切点的集合,即平面. 在空间引入直角坐标系后,空间的点与三元数组 (x, y, z) 一一对应,从而全体三元数组 (x, y, z) 表示空间一切点的集合,即 3 维空间. 一般地,设 n 为取定的一个自然数,我们称 n 元数组 $(x_1, x_2, \cdots, x_n)$ 的全体为 **n 维空间**,而每个 n 元数组 $(x_1, x_2, \cdots, x_n)$ 称为 n 维空间中的一个点,数 x_i 称为该点的**第 i 个坐**

标. n 维空间记为 R^n.

n 维空间中两点 $P(x_1, x_2, \cdots, x_n)$ 及 $Q(y_1, y_2, \cdots, y_n)$ 间的距离规定为

$$|PQ| = \sqrt{(y_1 - x_1)^2 + (y_2 - x_2)^2 + \cdots + (y_n - x_n)^2}.$$

容易验知,当 $n = 1, 2, 3$ 时,由上式便得解析几何中关于直线(数轴)、平面、空间内两点的距离. 设 $P_0 \in R^n, \delta$ 是某一正数,则 n 维空间内的点集

$$U(P_0, \delta) = \{P \mid |PP_0| < \delta, P \in R^n\}$$

称为点 P_0 的 δ 邻域.

9.1.2　二元函数概念

在很多自然现象以及实际问题中,经常遇到多个变量之间的依赖关系,往往是一个变量(因变量)不能由另一个变量(自变量),而是由多个变量所决定的情况,举例如下:

【例 1】　圆锥体的体积 V 和它的底面积 s、高 h 之间具有关系

$$V = \frac{1}{3} sh.$$

这里,当 s, h 在集合内取定一对值 (s, h) 时, V 的对应值就随之确定.

【例 2】　设 R 是电阻 R_1, R_2 并联后的总电阻,由电学知道,它们之间具有如下关系:

$$R = \frac{R_1 R_2}{R_1 + R_2},$$

对应值就随之确定.

上面两个例子的具体意义虽各不相同,但它们却有共同的性质,抽象出这些共性就可得出以下二元函数的定义.

定义 9.1　设 D 是平面上的一个点集. 如果对于每个点 $P(x, y) \in D$,变量 z 按照一定法则总有确定的值和它对应,则称 z 是变量 x, y 的**二元函数**(或点 P 的函数),记为

$$z = f(x, y)(\text{或 } z = f(P)).$$

点集 D 称为该函数的**定义域**, x, y 称为**自变量**, z 也称为**因变量**. 数集

$$\{z \mid z = f(x, y), (x, y) \in D\}$$

称为该函数的**值域**.

z 是 x, y 的函数也可记为 $z = z(x, y)$, $z = \Phi(x, y)$ 等.

类似地可以定义三元函数 $u = f(x, y, z)$ 以及三元以上的函数.

【例 3】　电流产生的热量 Q 与电压 U、电流 I 以及时间 t 之间具有三元函数关系 $Q = IUt$.

一般地,把定义 9.1 中的平面点集 D 换成 n 维空间内的点集 D,则类似地可以定义 n 元函数 $u = f(x_1, x_2, \cdots, x_n)$. n 元函数也可简记为 $u = f(P)$,这里点 $P(x_1, x_2, \cdots, x_n) \in D$. 当 $n = 1$ 时, n 元函数就是一元函数. 当 $n \geqslant 2$ 时, n 元函数就统称为**多元函数**.

关于多元函数定义域,与一元函数类似,我们作如下约定:在一般地讨论用算式表达的多元函数 $u = f(P)$ 时,就以使这个算式有确定值 u 的自变量所确定的点集为这个函数的定义域. 例如,函数 $z = \ln(x + y)$ 的定义域为

$$\{(x, y) \mid x + y > 0\},$$

就是一个无界开区域(图 9-1-2). 又如,函数 $z = \arcsin(x^2 + y^2)$ 的定义域为

$$\{(x, y) \mid x^2 + y^2 \leqslant 1\},$$

这是一个闭区域(图 9-1-2).

设函数 $z = f(x, y)$ 的定义域为 D. 对于任意取定的点 $P(x, y) \in D$,对应的函数值为 $z = f(x, y)$.这样,以 x 为横坐标、y 为纵坐标、$z = f(x, y)$ 为竖坐标在空间就确定一点 $M(x, y, z)$.当遍取 D 上的一切点时,得到一个空间点集

$$\{(x, y, z) \mid z = f(x, y), (x, y) \in D\},$$

这个点集称为二元函数 $z = f(x, y)$ 的**图形**.通常,二元函数的图形是一张**曲面**.

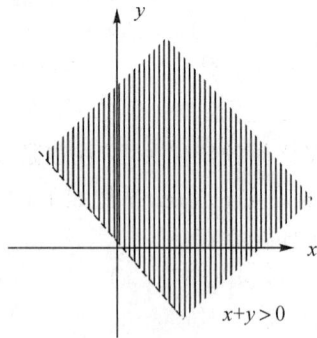

图 9-1-2

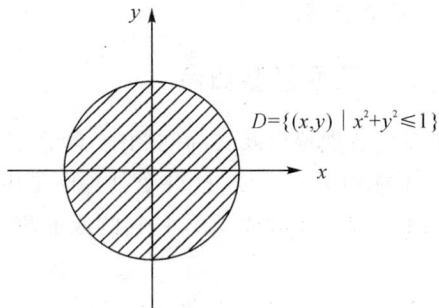

图 9-1-3

【说明】 一元函数 $y = f(x)$ 为平面曲线 C,二元函数 $z = f(x, y)$ 为空间一曲面 Π,设函数 $z = f(x, y)$ 的定义域为 D,对于任意取定的点 $P(x, y) \in D$,对应 $P(x, y)$ 得空间一点 $M(x, y, z)$,当 $P(x, y)$ 域为**遍游** D,对应的 $M(x, y, z)$ 构成空间上一曲面 Π.定义域为 D 曲面 Π 在 xOy 面上的投影.例如,由空间解析几何知道,线形函数 $z = ax + by + c$ 的图形是一张平面;由方程 $x^2 + y^2 + z^2 = a^2$ 所确定的函数 $z = f(x, y)$ 的图形是球心在圆点、半径为 a 的球面,它的定义域是圆形闭区域 $D = \{(x, y) \mid x^2 + y^2 \leqslant a^2\}$.在 D 的内部任一点 (x, y) 处,这个函数有两个对应值,一个为 $\sqrt{a^2 - x^2 - y^2}$,另一个为 $-\sqrt{a^2 - x^2 - y^2}$.因此,这是多值函数.我们把它分成两个单值函数:$z = \sqrt{a^2 - x^2 - y^2}$ 及 $z = -\sqrt{a^2 - x^2 - y^2}$,前者表示上半球面,后者表示下半球面.更复杂地,$z = \sqrt{x^2 + y^2}$ 表示圆锥面,$z = x^2 + y^2$ 表示抛物面.以后除了对多元函数另做声明外,总假定所讨论的函数是单值的;如果遇到多值函数,可以把它拆成几个单值函数后再分别加以讨论.

9.1.3 多元函数的极限

我们先讨论二元函数 $z = f(x, y)$ 当 $x \to x_0, y \to y_0$,即 $P(x, y) \to P_0(x_0, y_0)$ 时的极限.

这里 $P \to P_0$ 表示点 P 以任何方式趋于点 P_0,也就是点 P 与点 P_0 间的距离趋于零,即

$$|PP_0| = \sqrt{(x - x_0)^2 + (y - y_0)^2} \to 0.$$

与一元函数的极限概念类似,我们可定义二元函数极限,如下:

定义 9.2 设函数 $f(x, y)$ 在开区域(或闭区域)D 内有定义,$P_0(x_0, y_0)$ 是 D 的内点或边界点.如果 (x, y) 以任意方式趋向于点 (x_0, y_0) 时(或在任意 $P(x, y) \to P_0(x_0, y_0)$ 的过程中),对应的函数值 $f(x, y)$ 无限接近一个确定的常数 A,则称常数 A 为函数 $f(x, y)$ 当 $x \to x_0, y \to y_0$ 时的**极限**,记作

$$\lim_{(x,y)\to(x_0,y_0)} f(x,y) = A, \text{或} \lim_{\substack{x\to x_0 \\ y\to y_0}} f(x,y) = A, \text{或} f(x,y)\to A(\rho\to 0),$$

这里 $\rho = |PP_0|$.

为了区别于一元函数的极限,我们把二元函数的极限叫作**二重极限**.

【**例 4**】　设 $f(x,y) = (x^2+y^2)\sin\dfrac{1}{x^2+y^2}$　$(x^2+y^2\neq 0)$,

求证　$\lim\limits_{\substack{x\to 0 \\ y\to 0}} f(x,y) = 0.$

证明　因为 $0\leqslant \left|(x^2+y^2)\sin\dfrac{1}{x^2+y^2}\right| = |(x^2+y^2)|\left|\sin\dfrac{1}{x^2+y^2}\right|\leqslant x^2+y^2$,而 $\lim\limits_{\substack{x\to 0 \\ y\to 0}}(x^2+y^2) = 0$,由夹逼法则知,$\lim\limits_{\substack{x\to 0 \\ y\to 0}} f(x,y) = 0.$

我们必须注意,所谓二重极限存在,是指 $P(x,y)$ 以任何方式趋于 $P_0(x,y)$ 时,函数都无限接近于 A. 因此,如果 $P(x,y)$ 以某一种特殊方式,例如沿着一条直线或定曲线趋于 $P_0(x,y)$ 时,即使函数无限接近于某一确定值,我们还不能由此断定函数的极限存在. 但是反过来,如果当 $P(x,y)$ 以不同方式趋于 $P_0(x,y)$ 时,函数趋于不同的值,那么就可以断定该函数的极限不存在. 下面用例子来说明这种情形.

考察函数

$$f(x,y) = \begin{cases} \dfrac{xy}{x^2+y^2}, & x^2+y^2\neq 0, \\ 0, & x^2+y^2 = 0, \end{cases}.$$

显然,当点 $P(x,y)$ 沿 x 轴趋于点 $(0,0)$ 时,$\lim\limits_{x\to 0} f(x,0) = \lim\limits_{x\to 0} 0 = 0$;又当点 $P(x,y)$ 沿 y 轴趋于点 $(0,0)$ 时,$\lim\limits_{y\to 0} f(0,y) = \lim\limits_{y\to 0} 0 = 0$. 虽然点 $P(x,y)$ 以上述两种特殊方式(沿 x 轴或沿 y 轴)趋于原点时函数的极限存在并且相等,但是 $\lim\limits_{\substack{x\to 0 \\ y\to 0}} f(x,y)$ 并不存在,这是因为当点 $P(x,y)$ 沿着直线 $y = kx$ 趋于点 $(0,0)$ 时,有 $\lim\limits_{\substack{x\to 0 \\ y=kx\to 0}}\dfrac{xy}{x^2+y^2} = \lim\limits_{x\to 0}\dfrac{kx^2}{x^2+k^2y^2} = \dfrac{k}{1+k^2}$,显然它是随着 k 的值的不同而改变的.

以上关于二元函数的极限概念,可相应地推广到 n 元函数 $u = f(P)$ 即 $u = f(x_1, x_2, \cdots, x_n)$ 上去.

关于多元函数极限的运算,有与一元函数类似的运算法则.

【**例 5**】　求 $\lim\limits_{\substack{x\to 0 \\ y\to 2}}\dfrac{\sin(xy)}{x}.$

解　这里 $f(x,y) = \dfrac{\sin(xy)}{x}$ 在区域 $D_1 = \{(x,y)\,|\,x<0\}$ 和区域 $D_2 = \{(x,y)\,|\,x>0\}$ 内都有定义,$P_0(0,2)$ 同时为 D_1 及 D_2 的边界点. 但无论在 D_1 内还是在 D_2 内考虑,下列运算都是正确的:

$$\lim_{\substack{x\to 0 \\ y\to 2}}\frac{\sin(xy)}{x} = \lim_{xy\to 0}\frac{\sin(xy)}{xy}\cdot\lim_{y\to 2} y = 1\cdot 2 = 2.$$

9.1.4　多元函数的连续性

明白了函数极限的概念,就不难说明多元函数的连续性.

定义 9.3 设函数 $f(x,y)$ 在开区域(闭区域)D 内有定义,$P_0(x_0,y_0)$ 是 D 的内点或边界点且 $P_0 \in D$. 如果

$$\lim_{\substack{x \to x_0 \\ y \to y_0}} f(x,y) = f(x_0,y_0),$$

则称函数 $f(x,y)$ 在点 $P_0(x_0,y_0)$ 连续.

定义 9.4 设函数 $f(x,y)$ 在开区域(闭区域)D 内有定义,$P_0(x_0,y_0)$ 是 D 的内点或边界点且 $P_0 \in D$. 如果自变量 x 在 x_0 处的增量为 Δx,y 在 y_0 处的增量为 Δy,其相应的函数的全增量为 $\Delta z = f(x_0 + \Delta x, y_0 + \Delta y) - f(x_0,y_0)$,且

$$\lim_{\substack{\Delta x \to 0 \\ \Delta y \to 0}} \Delta z = \lim_{\substack{\Delta x \to 0 \\ \Delta y \to 0}} [f(x_0 + \Delta x, y_0 + \Delta y) - f(x_0,y_0)] = 0,$$

则称函数 $f(x,y)$ 在点 $P_0(x_0,y_0)$ 连续.

定义 9.3 和定义 9.4 是相互等价的定义.

如果函数 $f(x,y)$ 在开区域(或闭区域)D 内的每一点连续,那么就称函数 $f(x,y)$ 在 D 内连续,或者称 $f(x,y)$ 是 D 内的连续函数.

以上关于二元函数的连续性概念,可相应地推广到 n 元函数 $f(P)$ 上去.

若函数 $f(x,y)$ 在点 $P_0(x_0,y_0)$ 不连续,则称 P_0 为函数 $f(x,y)$ 的间断点. 这里顺便指出:如果在开区域(或闭区域)D 内某些孤立点,或者沿 D 内某些曲线,函数 $f(x,y)$ 没有定义,但在 D 内其余部分都有定义,那么这些孤立点或这些曲线上的点,都是函数 $f(x,y)$ 的不连续点,即间断点.

前面已经讨论过的函数

$$f(x,y) = \begin{cases} \dfrac{xy}{x^2 + y^2}, & x^2 + y^2 \neq 0, \\ 0, & x^2 + y^2 = 0, \end{cases}$$

当 $x \to x_0$,$y \to y_0$ 时的极限不存在,所以点 $(0,0)$ 是该函数的一个间断点. 二元函数的间断点可以形成一条曲线,例如函数

$$z = \sin \frac{1}{x^2 + y^2 - 1}$$

在圆周 $x^2 + y^2 = 1$ 上没有定义,所以该圆周上各点都是间断点.

与闭区域上一元连续函数的性质相类似,在有界闭区域上多元连续函数也有如下性质:

定理 9.1(最大值和最小值定理) 在有界闭区域 D 上的多元连续函数,在 D 上一定有最大值和最小值. 这就是说,在 D 上至少有一点 P_1 及一点 P_2,使得 $f(P_1)$ 为最大值而 $f(P_2)$ 为最小值,即对于一切 $P \in D$,有

$$f(P_2) \leqslant f(P) \leqslant f(P_1).$$

定理 9.2(介值定理) 在有界闭区域 D 上的多元连续函数,如果在 D 上取得两个不同的函数值,则它在 D 上取得介于这两个值之间的任何值至少一次. 特殊地,如果 μ 是函数在 D 上的最小值 m 和最大值 M 之间的一个数,则在 D 上至少有一点 Q,使得 $f(Q) = \mu$.

一元函数中关于极限的运算法则,对于多元函数仍然适用;根据极限运算法则,可以证明多元连续函数的和、差、积均为连续函数;在分母不为零处,连续函数的商是连续函数. 多元连续函数的复合函数也是连续函数.

与一元的初等函数相类似,多元初等函数是可用一个式子所表示的多元函数,而这个式

子是由多元多项式及基本初等函数经过有限次的四则运算和复合步骤所构成的(这里指出,基本初等函数是一元函数,在构成多元初等函数时,它必须与多元函数复合).例如,

$$\frac{x + x^2 - y^2}{1 + x^2}$$

是两个多项式之商,它是多元初等函数.又例如 $\sin(x + y)$ 是由基本初等函数 $\sin u$ 与多项式 $u = x + y$ 复合而成的,它也是多元初等函数.

根据上面指出的连续函数的和、差、积、商的连续性以及连续函数的复合的连续性,再考虑多元多项式及基本初等函数的连续性,我们进一步可以得出如下结论:

一切多元初等函数在其定义区域内是连续的.所谓定义区域,是指包含在定义域内的区域或闭区域.

由多元初等函数的连续性,如果要求它在点 P_0 处的极限,而该点又在此函数的定义区域内,则极限值就是函数在该点的函数值,即

$$\lim_{P \to P_0} f(P) = f(P_0).$$

【例 6】　求 $\lim\limits_{\substack{x \to 1 \\ y \to 2}} \dfrac{x + y}{xy}$.

解　函数 $f(x, y) = \dfrac{x + y}{xy}$ 是初等函数,它的定义域为 $D = \{(x, y) \mid x \neq 0, y \neq 0\}$.

因 D 不是连通的,故 D 不是区域.但 $D_1 = \{(x, y) \mid x > 0, y > 0\}$ 是区域,且 $D_1 \subset D$,所以 D_1 是函数 $f(x, y)$ 的一个定义区域(即在 D_1 上有定义).因 $P_0(1, 2) \in D_1$,故

$$\lim_{\substack{x \to 1 \\ y \to 2}} \frac{x + y}{xy} = f(1, 2) = \frac{3}{2}.$$

如果这里不引进区域 D_1,也可用下述方法判定函数 $f(x, y)$ 在点 $P_0(1, 2)$ 处是连续的:因 P_0 是 $f(x, y)$ 的定义域 D 的内点,故存在 P_0 的某一邻域 $U(P_0) \subset D$,而任何邻域都是区域,所以 $U(P_0)$ 是 $f(x, y)$ 的一个定义区域,又由于 $f(x, y)$ 是初等函数,因此 $f(x, y)$ 在点 P_0 处连续.

一般地,求 $\lim\limits_{P \to P_0} f(P)$,如果 $f(P)$ 是初等函数,且 P_0 是 $f(P)$ 的定义域的内点,则 $f(P)$ 在点 P_0 处连续,于是 $\lim\limits_{P \to P_0} f(P) = f(P_0)$.

【例 7】　求 $\lim\limits_{\substack{x \to 0 \\ y \to 0}} \dfrac{\sqrt{xy + 1} - 1}{xy}$.

解　$\lim\limits_{\substack{x \to 0 \\ y \to 0}} \dfrac{\sqrt{xy + 1} - 1}{xy} = \lim\limits_{\substack{x \to 0 \\ y \to 0}} \dfrac{xy + 1 - 1}{xy(\sqrt{xy + 1} + 1)} = \lim\limits_{\substack{x \to 0 \\ y \to 0}} \dfrac{1}{\sqrt{xy + 1} + 1} = \dfrac{1}{2}$.

▶▶▶▶ 习题 9.1 ◀◀◀◀

1. 填空题:

(1) 设 $f(x, y) = \dfrac{x - 3y}{x^2 + y^2}$,则 $f(-1, 2) =$ _____.

(2) 设 $f(x, y) = x^2 + 2y$,则 $f(\sqrt{xy}, x - y) =$ _____.

(3) 设 $f(x-y, x+y) = x^2 - y^2$，则 $f(x,y) = $ _____.

(4) $\lim\limits_{\substack{x \to 0 \\ y \to 1}} \dfrac{\sin(2xy)}{x} = $ _____.

(5) $\lim\limits_{\substack{x \to -1 \\ y \to 0}} \ln(\mid x \mid + e^y) = $ _____.

2. 求下列函数的定义域，并作出定义域的草图：

(1) $z = \dfrac{1}{\sqrt{x+y}} + \dfrac{1}{\sqrt{x-y}}$；

(2) $z = \dfrac{\arcsin y}{\sqrt{x}}$.

3. 求下列二重极限：

(1) $\lim\limits_{\substack{x \to 0 \\ y \to 0}} \dfrac{x^2 + y^2}{\sqrt{x^2 + y^2 + 1} - 1}$；

(2) $\lim\limits_{\substack{x \to 0 \\ y \to 0}} \left(1 + \dfrac{1}{xy}\right)^{xy}$；

(3) $\lim\limits_{\substack{x \to 0 \\ y \to 1}} \dfrac{1 - xy}{x^2 + y^2}$；

(4) $\lim\limits_{\substack{x \to 1 \\ y \to 0}} \dfrac{\ln(x + e^y)}{\sqrt{x^2 + y^2}}$；

(5) $\lim\limits_{\substack{x \to 0 \\ y \to 0}} \dfrac{1 - \cos(x^2 + y^2)}{x^2 + y^2}$；

(6) $\lim\limits_{\substack{x \to 0 \\ y \to 0}} x \sin \dfrac{1}{x} \sin y$.

4. 设圆锥的高为 h，母线长为 l，试将圆锥的体积 V 表示为 h, l 的二元函数.

5. 下列函数在 $(0,0)$ 点是否连续？并说明原因.

(1) $f(x,y) = \sqrt{x^2 + y^2}$；

(2) $f(x,y) = \begin{cases} 1, & x^2 + y^2 \neq 0 \\ 0, & x^2 + y^2 = 0 \end{cases}$.

§9.2　偏导数

在研究一元函数时，我们从研究函数的变化率引入了导数概念. 对于多元函数同样需要讨论它的变化率. 但多元函数的自变量不止一个，因变量与自变量的关系要比一元函数复杂得多. 在这一节里，我们首先考虑多元函数关于其中一个自变量的变化率.

9.2.1　偏导数的概念

以二元函数 $z = f(x,y)$ 为例，如果只有自变量 x 变化，而自变量 y 固定（即看作常量），这时它就是 x 的一元函数，该函数对 x 的导数，就称为二元函数 z 对于 x 的偏导数，即有如下定义：

定义 9.5　设函数 $z = f(x,y)$ 在点 (x_0, y_0) 的某一邻域内有定义，当 y 固定在 y_0 而 x 在 x_0 处有增量 Δx 时，相应地函数有增量

$$f(x_0 + \Delta x, y_0) - f(x_0, y_0),$$

如果 　　　　　　　$$\lim\limits_{\Delta x \to 0} \dfrac{f(x_0 + \Delta x, y_0) - f(x_0, y_0)}{\Delta x} \tag{9-1}$$

存在，则称此极限为函数 $z = f(x,y)$ 在点 (x_0, y_0) 处对 x 的**偏导数**，记作

$$\left. \dfrac{\partial z}{\partial x} \right|_{\substack{x = x_0 \\ y = y_0}}, \quad \left. \dfrac{\partial f}{\partial x} \right|_{\substack{x = x_0 \\ y = y_0}}, \quad \left. z'_x \right|_{\substack{x = x_0 \\ y = y_0}} \quad \text{或} \quad f'_x(x_0, y_0).$$

例如，极限 (9-1) 可以表示为

$$f'_x(x_0,y_0) = \lim_{\Delta x \to 0} \frac{f(x_0 + \Delta x, y_0) - f(x_0, y_0)}{\Delta x} \tag{9-2}$$

类似地,函数 $z = f(x,y)$ 在点 (x_0,y_0) 处对 y 的偏导数定义为

$$\lim_{\Delta y \to 0} \frac{f(x_0, y_0 + \Delta y) - f(x_0, y_0)}{\Delta y} \tag{9-3}$$

记作　　　$\left.\dfrac{\partial z}{\partial y}\right|_{\substack{x=x_0 \\ y=y_0}}$, $\left.\dfrac{\partial f}{\partial y}\right|_{\substack{x=x_0 \\ y=y_0}}$, $\left.z'_y\right|_{\substack{x=x_0 \\ y=y_0}}$　　或　　$f'_y(x_0,y_0)$.

如果函数 $z = f(x,y)$ 在区域 D 内每一点处对 x 的偏导数都存在,那么这个偏导数就是 x,y 的函数,它就称为函数 $z = f(x,y)$ 对自变量 x 的**偏导函数**,记作

$$\frac{\partial z}{\partial x}, \ \frac{\partial f}{\partial x}, \ z'_x \quad 或 \quad f'_x(x,y).$$

类似地,可以定义函数 $z = f(x,y)$ 对自变量 y 的**偏导函数**,记作

$$\frac{\partial z}{\partial y}, \ \frac{\partial f}{\partial y}, \ z'_y \quad 或 \quad f'_y(x,y).$$

由偏导数的概念可知,$f(x,y)$ 在点 (x_0,y_0) 处对 x 的偏导数 $f'_x(x_0,y_0)$ 显然就是偏导函数 $f'_x(x,y)$ 在点 (x_0,y_0) 处的函数值;$f'_y(x_0,y_0)$ 就是偏导数 $f'_y(x,y)$ 在点 (x_0,y_0) 处的函数值.**就像一元函数的导函数一样,以后在不至于混淆的地方也把偏导函数简称为偏导数.**

至于实际求 $z = f(x,y)$ 的偏导数,并不需要用新的方法,因为这里只有　个自变量在变动,另一个自变量被看作固定的,所以仍然是一元函数的微分法问题.求 $\dfrac{\partial f}{\partial x}$ 时,只要把 y 暂时看作常量而对 x 求导数;求 $\dfrac{\partial f}{\partial y}$ 时,则只要把 x 暂时看作常量而对 y 求导数.

偏导数的概念还可以推广到二元以上的函数.例如三元函数 $u = f(x,y,z)$ 在点 (x,y,z) 处对 x 的偏导数定义为

$$f'_x(x,y,z) = \lim_{\Delta x \to 0} \frac{f(x_0 + \Delta x, y, z) - f(x,y,z)}{\Delta x},$$

其中 (x,y,z) 是函数 $u = f(x,y,z)$ 的定义域的内点.它们的求法也仍旧是一元函数的微分法问题.

【偏导数的几何意义】　我们知道,对一元函数来说,$\dfrac{\mathrm{d}y}{\mathrm{d}x}$ 可看作函数的微分 $\mathrm{d}y$ 与自变量的微分 $\mathrm{d}x$ 之商.而上式表明,偏导数的记号是一个整体记号,不能看作分子与分母之商.

二元函数 $z = f(x,y)$ 在点 (x_0,y_0) 的偏导数有下述几何意义:

设 $M_0(x_0,y_0,f(x_0,y_0))$ 为曲面 $z = f(x,y)$ 上的一点,过 M_0 作平面 $y = y_0$,曲面 $z = f(x,y)$ 与平面 $y = y_0$ 的交线方程为 $\begin{cases} z = f(x,y) \\ y = y_0 \end{cases}$,即曲线 $z = f(x,y_0)$.二元函数 $z = f(x,y)$ 在点 (x_0,y_0) 处对 x 的偏导数 $f_x(x_0,y_0)$ 就是一元函数 $z = f(x,y_0)$ 在 x_0 处的导数 $\left.\dfrac{\mathrm{d}}{\mathrm{d}x}f(x,y_0)\right|_{x=x_0}$.由导数的几何意义可知,偏导数 $f_x(x_0,y_0)$ 就是曲面被平面 $y = y_0$ 所截得的曲线 $z = f(x,y_0)$ 在点 M_0 处的切线 $M_0 T_x$ 对 x 轴的斜率(见图 9-2-1).同样,偏导数 $f_y(x_0,y_0)$ 的几何意义是曲面被平面 $x = x_0$ 所截得的曲线 $z = f(x_0,y)$ 在点 M_0 处的切线

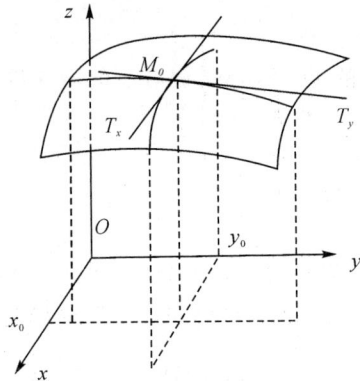

图 9-2-1

$M_0 T_y$ 对 y 轴的斜率.

9.2.2 偏导数的求法

从偏导数的定义可以看出,二元函数 $z = f(x,y)$ 的偏导数的实质就是把一个自变量固定,而将二元函数 $z = f(x,y)$ 看成是只有一个自变量的一元函数的导数.因此,求二元函数的偏导数,不需要引进新的方法,只需用一元函数的微分法,把一个变量视为常数,而对另一个变量进行一元函数求导即可.举例说明如下:

【例1】 求 $z = x^2 + 3xy + y^2$ 在点 $(1,2)$ 处的偏导数.

解 把 y 看作常量,得

$$\frac{\partial z}{\partial x} = 2x + 3y$$

把 x 看作常量,得

$$\frac{\partial z}{\partial y} = 3x + 2y$$

将 $(1,2)$ 代入上面的结果,就得

$$\frac{\partial z}{\partial x}\Big|_{(1,2)} = 2 \cdot 1 + 3 \cdot 2 = 8,$$

$$\frac{\partial z}{\partial y}\Big|_{(1,2)} = 3 \cdot 1 + 2 \cdot 2 = 7.$$

【例2】 求 $z = x^2 \sin 2y$ 的偏导数.

解 $\dfrac{\partial z}{\partial x} = 2x\sin 2y, \dfrac{\partial z}{\partial y} = 2x^2\cos 2y.$

【例3】 求 $z = \ln(1 + x^2 + y^2)$ 在点 $(1,2)$ 处的偏导数.

解 因为偏导数 $\dfrac{\partial z}{\partial x} = \dfrac{2x}{1 + x^2 + y^2}, \dfrac{\partial z}{\partial y} = \dfrac{2y}{1 + x^2 + y^2}$,

所以 $\dfrac{\partial z}{\partial x}\Big|_{\substack{x=1 \\ y=2}} = \dfrac{1}{3}, \dfrac{\partial z}{\partial y}\Big|_{\substack{x=1 \\ y=2}} = \dfrac{2}{3}.$

【例4】 求 $r = \sqrt{x^2 + y^2 + z^2}$ 的偏导数.

解 把 y 和 z 都看作常量,得

$$\frac{\partial r}{\partial x} = \frac{x}{\sqrt{x^2 + y^2 + z^2}} = \frac{x}{r}.$$

由于所给函数关于自变量的对称性,所以

$$\frac{\partial r}{\partial y} = \frac{y}{r}, \ \frac{\partial r}{\partial z} = \frac{z}{r}.$$

【例 5】　在由 R_1, R_2 组成的一个并联电路中,若 $R_1 > R_2$,问改变哪一个电阻,才能使总电阻 R 的变化更大?

解　因 R_1, R_2 并联,所以 $\frac{1}{R} = \frac{1}{R_1} + \frac{1}{R_2}$,即 $R = \frac{R_1 + R_2}{R_1 R_2}$.

经计算 $\frac{\partial R}{\partial R_1} = \frac{R_2^2}{(R_1 + R_2)^2}, \frac{\partial R}{\partial R_2} = \frac{R_1^2}{(R_1 + R_2)^2}$,因为 $R_1 > R_2$,所以 $\frac{\partial R}{\partial R_1} < \frac{\partial R}{\partial R_2}$. 因此,在并联电路中改变电阻值小的电阻 R_2,使总电阻 R 的变化更大.

【例 6】　设 $z = \frac{x^2}{y^2}\ln(2x - y)$,求 $\frac{\partial z}{\partial x}, \frac{\partial z}{\partial y}$.

解　利用一元函数求导法则求偏导,可直接求出两个偏导数 $\frac{\partial z}{\partial x}, \frac{\partial z}{\partial y}$,即

$$\frac{\partial z}{\partial x} = \frac{2x}{y^2}\ln(2x - y) + \frac{2x^2}{y^2(2x - y)}, \frac{\partial z}{\partial y} = -\frac{2x^2}{y^3}\ln(2x - y) - \frac{x^2}{y^2(2x - y)}.$$

我们已经知道,如果一元函数在某点具有导数,则它在该点必定连续. 但对于多元函数来说,即使各偏导数在某点都存在,也不能保证函数在该点连续. 这是因为各偏导数存在只能保证点 P 沿着平行于坐标轴的方向趋于 P_0 时,函数值 $f(P)$ 趋于 $f(P_0)$,但不能保证点 P 按任何方式趋于 P_0 时,函数值 $f(P)$ 都趋于 $f(P_0)$. 例如,函数

$$z = f(x, y) = \begin{cases} \dfrac{xy}{x^2 + y^2}, & x^2 + y^2 \neq 0, \\ 0, & x^2 + y^2 = 0, \end{cases}$$

在点 $(0, 0)$ 对 x 的偏导数为

$$f'_x(0, 0) = \lim_{\Delta x \to 0} \frac{f(0 + \Delta x, 0) - f(0, 0)}{\Delta x} = 0.$$

同样有

$$f'_y(0, 0) = \lim_{\Delta y \to 0} \frac{f(0, 0 + \Delta y) - f(0, 0)}{\Delta y} = 0.$$

但是我们在第一节中已经知道该函数在点 $(0, 0)$ 并不连续.

9.2.3　高阶偏导数

设函数 $z = f(x, y)$ 在区域 D 内具有偏导数

$$\frac{\partial z}{\partial x} = f_x(x, y), \frac{\partial z}{\partial y} = f_y(x, y),$$

那么在 D 内 $f_x(x, y), f_y(x, y)$ 都是 x, y 的函数. 如果这两个函数的偏导数也存在,则称它们是函数 $z = f(x, y)$ 的二阶偏导数. 按照对变量求导次序的不同有下列四个二阶偏导数:

$$\frac{\partial}{\partial x}\left(\frac{\partial z}{\partial x}\right) = \frac{\partial^2 z}{\partial x^2} = f''_{xx}(x, y), \ \frac{\partial}{\partial y}\left(\frac{\partial z}{\partial x}\right) = \frac{\partial^2 z}{\partial x \partial y} = f''_{xy}(x, y),$$

$$\frac{\partial}{\partial x}\left(\frac{\partial z}{\partial y}\right) = \frac{\partial^2 z}{\partial y \partial x} = f''_{yx}(x,y) , \quad \frac{\partial}{\partial y}\left(\frac{\partial z}{\partial y}\right) = \frac{\partial^2 z}{\partial y^2} = f''_{yy}(x,y).$$

其中第二、三个偏导数称为混合偏导数.同样可得三阶、四阶,以及 n 阶偏导数.二阶及二阶以上的偏导数统称为高阶偏导数.

【例7】 设 $z = x^3 y^2 - 3xy^3 - xy + 1$,求 $\frac{\partial^2 z}{\partial x^2}, \frac{\partial^2 z}{\partial y \partial x}, \frac{\partial^2 z}{\partial x \partial y}, \frac{\partial^2 z}{\partial y^2}$ 及 $\frac{\partial^3 z}{\partial x^3}$.

解 $\quad \dfrac{\partial z}{\partial x} = 3x^2 y^2 - 3y^3 - y; \qquad \dfrac{\partial z}{\partial y} = 2x^3 y - 9xy^2 - x;$

$\quad \dfrac{\partial^2 z}{\partial x^2} = 6xy^2; \qquad\qquad\qquad \dfrac{\partial^2 z}{\partial y \partial x} = 6x^2 y - 9y^2 - 1;$

$\quad \dfrac{\partial^2 z}{\partial x \partial y} = 6x^2 y - 9y^2 - 1 ; \qquad \dfrac{\partial^2 z}{\partial y^2} = 18x^2 - 18xy;$

$\quad \dfrac{\partial^3 z}{\partial x^3} = 6y.$

我们看到例7中两个二阶混合偏导数相等,即 $\dfrac{\partial^2 z}{\partial y \partial x} = \dfrac{\partial^2 z}{\partial x \partial y}$,这不是偶然的.事实上,我们有下述定理:

定理 9.3 如果函数 $z = f(x,y)$ 的两个二阶混合偏导数 $\dfrac{\partial^2 z}{\partial y \partial x}$ 及 $\dfrac{\partial^2 z}{\partial x \partial y}$ 在区域 D 内连续,那么在该区域内这两个二阶混合偏导数必相等.

换句话说,二阶混合偏导数在连续的条件下与求导的次序无关.该定理的证明从略.

【例8】 验证函数 $z = \ln \sqrt{x^2 + y^2}$ 满足方程

$$\frac{\partial^2 z}{\partial x^2} + \frac{\partial^2 z}{\partial y^2} = 0 .$$

证明 因为 $z = \ln \sqrt{x^2 + y^2} = \dfrac{1}{2}\ln(x^2 + y^2)$,

所以 $\quad \dfrac{\partial z}{\partial x} = \dfrac{x}{x^2 + y^2}, \quad \dfrac{\partial z}{\partial y} = \dfrac{y}{x^2 + y^2},$

$\quad \dfrac{\partial^2 z}{\partial x^2} = \dfrac{(x^2 + y^2) - x \cdot 2x}{(x^2 + y^2)^2} = \dfrac{y^2 - x^2}{(x^2 + y^2)^2},$

$\quad \dfrac{\partial^2 z}{\partial y^2} = \dfrac{(x^2 + y^2) - y \cdot 2y}{(x^2 + y^2)^2} = \dfrac{x^2 - y^2}{(x^2 + y^2)^2}.$

因此 $\quad \dfrac{\partial^2 z}{\partial x^2} + \dfrac{\partial^2 z}{\partial y^2} = \dfrac{y^2 - x^2}{(x^2 + y^2)^2} + \dfrac{x^2 - y^2}{(x^2 + y^2)^2} = 0.$

【例9】 证明函数 $u = \dfrac{1}{r}$,满足方程

$$\frac{\partial^2 u}{\partial x^2} + \frac{\partial^2 u}{\partial y^2} + \frac{\partial^2 u}{\partial z^2} = 0 ,$$

其中 $r = \sqrt{x^2 + y^2 + z^2}$.

证明 $\quad \dfrac{\partial u}{\partial x} = -\dfrac{1}{r^2}\dfrac{\partial r}{\partial x} = -\dfrac{1}{r^2} \cdot \dfrac{x}{r} = -\dfrac{x}{r^3},$

$\quad \dfrac{\partial^2 u}{\partial x^2} = -\dfrac{1}{r^3} + \dfrac{3x}{r^4} \cdot \dfrac{\partial r}{\partial x} = -\dfrac{1}{r^3} + \dfrac{3x^2}{r^5}.$

由于函数关于自变量的对称性，所以

$$\frac{\partial^2 u}{\partial y^2} = -\frac{1}{r^3} + \frac{3y^2}{r^5}, \qquad \frac{\partial^2 u}{\partial z^2} = -\frac{1}{r^3} + \frac{3z^2}{r^5}.$$

因此　　$$\frac{\partial^2 u}{\partial x^2} + \frac{\partial^2 u}{\partial y^2} + \frac{\partial^2 u}{\partial z^2} = -\frac{3}{r^3} + \frac{3(x^2+y^2+z^2)}{r^5} = -\frac{3}{r^3} + \frac{3r^2}{r^5} = 0.$$

例 8 和例 9 中两个方程都叫作拉普拉斯(Laplace)方程，它是数学物理方程中一种很重要的方程.

▶▶▶▶ 习题 9.2 ◀◀◀◀

1. 是非题：

(1) 设 $z = x^2 + \ln y$，则 $\frac{\partial z}{\partial x} = 2x + \frac{1}{y}$；

(2) 若函数 $z = f(x,y)$ 在 $p(x_0,y_0)$ 处的两个偏导数 $f'_x(x_0,y_0)$ 与 $f'_y(x_0,y_0)$ 均存在，则该函数在 p 点处一定连续；

(3) 函数 $z = f(x,y)$ 在 $p(x_0,y_0)$ 处一定有 $f'_{xy}(x_0,y_0) = f'_{yx}(x_0,y_0)$；

(4) 函数 $f(x,y) = \begin{cases} \dfrac{xy}{\sqrt{x^2+y^2}}, & x^2+y^2 \neq 0 \\ 0, & x^2+y^2 = 0 \end{cases}$，在 $(0,0)$ 处有 $f'_x(0,0) - 0$ 及 $f'_y(0,0) = 0$；

(5) 函数 $z = \sqrt{x^2+y^2}$ 在点 $(0,0)$ 处连续，但该函数在 $(0,0)$ 处的两个偏导数 $z'_x = (0,0)$，$z'_y = (0,0)$ 均不存在.

2. 填空题：

(1) 设 $z = \dfrac{\ln x}{y^2}$，则 $\dfrac{\partial z}{\partial x} = $ _____，$\dfrac{\partial z}{\partial y}\Big|_{\substack{x=2\\y=1}} = $ _____.

(2) 设 $f(x,y) = x^2 + 2y$，则 $f'_x(1,2) = $ _____，$f'_y(1,2) = $ _____.

(3) 设 $u = e^{-r}\sin\dfrac{x}{y}$，则 $\dfrac{\partial^2 u}{\partial x \partial y}$ 在点 $(2,\dfrac{1}{\pi})$ 处的值为 _____.

(4) 设 $\phi(x-az, y-bz) = 0$，则 $a\dfrac{\partial z}{\partial x} + b\dfrac{\partial z}{\partial y} = $ _____.

3. 求下列函数的 $\dfrac{\partial^2 z}{\partial x^2}, \dfrac{\partial^2 z}{\partial y^2}$ 和 $\dfrac{\partial^2 z}{\partial x \partial y}$：

(1) $z = x^3 + 3x^2 y + y^4 + 2$；　　　　(2) $z = \arctan\dfrac{x}{y}$.

4. 函数 $f(x,y) = \begin{cases} \dfrac{xy}{\sqrt{x^2+y^2}}, & x^2+y^2 \neq 0 \\ 0, & x^2+y^2 = 0 \end{cases}$，求偏导数 $f'_x(0,0)$ 和 $f'_y(0,0)$，并考虑函数在点 $(0,0)$ 处可不可微.

5. 设 $z = \ln(x^{\frac{1}{3}} + y^{\frac{1}{3}})$，证明：$x\dfrac{\partial z}{\partial x} + y\dfrac{\partial z}{\partial y} = \dfrac{1}{3}$.

6. 方程 $xy + z\ln y + e^{xz} = 1$ 在点 $(0,1,1)$ 的邻域内能否确定出某一个变量是其他变量的函数?若能,试求所确定函数的一阶偏导数.

§9.3 全微分及其应用

我们已经知道,二元函数对某个自变量的偏导数表示当另一个自变量固定时,因变量相对于该自变量的变化率.根据一元函数微分学中增量与微分的关系,可得

$$f(x+\Delta x,y)-f(x,y)\approx f_x(x,y)\Delta x,$$
$$f(x,y+\Delta y)-f(x,y)\approx f_y(x,y)\Delta y.$$

上面两式的左端分别叫作二元函数对 x 和对 y 的偏增量,而右端分别叫作二元函数对 x 和对 y 的偏微分.

在实际问题中,有时需要研究多元函数中各个自变量都取得增量时因变量所获得的增量,即所谓全增量的问题.下面以二元函数为例进行讨论.

9.3.1 全微分的定义

设函数 u 在点 $P(x,y)$ 的某一邻域内有定义,并设 $P'(x+\Delta x,y+\Delta y)$ 为该邻域内的任意一点,则称这两点的函数值之差 $f(x+\Delta x,y+\Delta y)-f(x,y)$ 为函数在点 $P(x,y)$ 对应于自变量增量 $\Delta x,\Delta y$ 的**全增量**,记作 Δz,即

$$\Delta z = f(x+\Delta x,y+\Delta y)-f(x,y).$$

一般说来,计算全增量 Δz 比较复杂,与一元函数的情形一样,我们希望用自变量的增量 $\Delta x,\Delta y$ 的线性函数来近似代替函数的全增量 Δz,从而引入如下定义:

定义 9.6 如果函数 $u=f(x,y)$ 在点 $P(x,y)$ 的全增量

$$\Delta z = f(x+\Delta x,y+\Delta y)-f(x,y)$$

可表示为

$$\Delta z = A\Delta x + B\Delta y + o(\rho)(o(\rho) \text{ 是 } \rho = \sqrt{(\Delta x)^2+(\Delta y)^2} \text{ 的高阶无穷小}),$$

其中 A,B 不依赖于 $\Delta x,\Delta y$,而仅与 x,y 有关,则称函数 $u=f(x,y)$ 在点 $P(x,y)$ 可微分,而 $A\Delta x + B\Delta y$ 称为函数 $u=f(x,y)$ 在点 $P(x,y)$ 的全微分,记作 $\mathrm{d}z$,即 $\mathrm{d}z = A\Delta x + B\Delta y$.

如果函数在区域 D 内各点处都可微分,那么称该函数在 D 内可微分.

在第二节中曾指出,多元函数在某点的各个偏导数即使都存在,却不能保证函数在该点连续.但是,由上述定义可知,如果函数 $u=f(x,y)$ 在点 $P(x,y)$ 可微分,那么函数在该点必定连续.事实上,

$$\lim_{\rho\to 0}\Delta z = 0,$$

从而

$$\lim_{\substack{\Delta x\to 0\\ \Delta y\to 0}} f(x+\Delta x,y+\Delta y) = \lim_{\rho\to 0}[f(x,y)+\Delta z] = \lim_{\rho\to 0}f(x,y)+\lim_{\rho\to 0}\Delta z = f(x,y).$$

因此函数 $u=f(x,y)$ 在点 $P(x,y)$ 处连续.

下面给出函数 $u=f(x,y)$ 在点 $P(x,y)$ 可微分的条件.

定理 9.4(必要条件) 如果函数 $u=f(x,y)$ 在点 $P(x,y)$ 可微分,则该函数在点 $P(x,y)$ 的偏导数 $\dfrac{\partial z}{\partial x},\dfrac{\partial z}{\partial y}$ 必定存在,且函数 $u=f(x,y)$ 在点 $P(x,y)$ 的全微分为

$$dz = \frac{\partial z}{\partial x}\Delta x + \frac{\partial z}{\partial y}\Delta y.$$

我们知道,一元函数在某点的导数存在是微分存在的充分必要条件. 但对于多元函数来说,情形就不同了. 当函数的各偏导数都存在时,虽然能形式地写出 $\frac{\partial z}{\partial x}\Delta x + \frac{\partial z}{\partial y}\Delta y$,但它与 Δz 之差并不一定是较 ρ 高阶的无穷小,因此它不一定是函数的全微分. 换句话说,各偏导数的存在只是全微分存在的必要条件而不是充分条件. 例如,函数

$$u = f(x,y) = \begin{cases} \dfrac{xy}{\sqrt{x^2 + y^2}}, & x^2 + y^2 \neq 0 \\ 0, & x^2 + y^2 = 0 \end{cases},$$

在点 $P(0,0)$ 处有 $f_x(0,0) = 0$ 及 $f_y(0,0) = 0$,所以

$$\Delta z - [f_x(0,0) \cdot \Delta x + f_y(0,0) \cdot \Delta y] = \frac{\Delta x \cdot \Delta y}{\sqrt{(\Delta x)^2 + (\Delta y)^2}},$$

如果考虑点 $P'(x + \Delta x, y + \Delta y)$ 沿着直线 $y = x$ 趋于 $P(0,0)$,则

$$\frac{\dfrac{\Delta x \cdot \Delta y}{\sqrt{(\Delta x)^2 + (\Delta y)^2}}}{\rho} = \frac{\Delta x \cdot \Delta y}{(\Delta x)^2 + (\Delta y)^2} = \frac{\Delta x \cdot \Delta x}{(\Delta x)^2 + (\Delta x)^2} = \frac{1}{2}.$$

它不能随 $\rho \to 0$ 而趋于 0,这表示 $\rho \to 0$ 时,

$$\Delta z - [f_x(0,0) \cdot \Delta x + f_y(0,0) \cdot \Delta y]$$

并不是较 ρ 高阶的无穷小,因此函数在点 $P(0,0)$ 处的全微分并不存在,即函数在点 $P(0,0)$ 处是不可微分的.

由定理 9.4 及这个例子可知,偏导数存在是可微分的必要条件而不是充分条件. 但是,如果再假定函数的各个偏导数连续,则可以证明函数是可微分的,即有下面定理:

定理 9.5（充分条件）　如果函数 $u = f(x,y)$ 的偏导数 $\frac{\partial z}{\partial x}, \frac{\partial z}{\partial y}$ 在点 $P(x,y)$ 连续,则函数在该点可微分.

以上关于二元函数全微分的定义及微分的必要条件和充分条件,可以完全类似地推广到三元和三元以上的多元函数.

习惯上,我们将自变量的增量 $\Delta x, \Delta y$ 分别记作 dx, dy,并分别称为自变量 x, y 的微分. 这样,函数 $z = f(x,y)$ 的全微分就可以写为

$$dz = \frac{\partial z}{\partial x}dx + \frac{\partial z}{\partial y}dy.$$

通常我们把二元函数的全微分等于它的两个偏微分之和这件事称为二元函数的微分符合叠加原理. 叠加原理也适用于二元以上的函数的情形. 例如,如果三元函数 $u = \varphi(x,y,z)$ 可以微分,那么它的全微分就等于它的三个偏微分之和,即

$$du = \frac{\partial u}{\partial x}dx + \frac{\partial u}{\partial y}dy + \frac{\partial u}{\partial z}dz.$$

【例 1】　计算函数 $z = x^2 + y^2$ 的全微分.

解　因为 $\frac{\partial z}{\partial x} = 2xy, \frac{\partial z}{\partial y} = x^2 + 2y$,所以 $dz = 2xy dx + (x^2 + 2y)dy$.

【例 2】　计算函数 $z = \sin(x^2 + y^2)$ 的全微分.

解 因为 $\dfrac{\partial z}{\partial x} = 2x\cos\,(x^2+y^2),\dfrac{\partial z}{\partial y} = 2y\cos\,(x^2+y^2)$，

所以 $\mathrm{d}z = 2x\cos\,(x^2+y^2)\mathrm{d}x + 2y\cos\,(x^2+y^2)\mathrm{d}y.$

【例3】 求函数 $z = \mathrm{e}^{\frac{y}{x}}$ 的全微分.

解 因为 $\dfrac{\partial z}{\partial x} = \mathrm{e}^{\frac{y}{x}}\cdot\left(-\dfrac{y}{x^2}\right),\dfrac{\partial z}{\partial y} = \mathrm{e}^{\frac{y}{x}}\cdot\left(\dfrac{1}{x}\right)$，所以 $\mathrm{d}z = -\dfrac{y}{x^2}\mathrm{e}^{\frac{y}{x}}\mathrm{d}x + \dfrac{1}{x}\mathrm{e}^{\frac{y}{x}}\mathrm{d}y.$

【例4】 计算函数 $z = \mathrm{e}^{xy}$ 在点$(2,1)$处的全微分.

解 因为 $\dfrac{\partial z}{\partial x} = y\mathrm{e}^{xy},\dfrac{\partial z}{\partial y} = x\mathrm{e}^{xy}$，$\dfrac{\partial z}{\partial x}\Big|_{(2,1)} = \mathrm{e}^2,\dfrac{\partial z}{\partial y}\Big|_{(2,1)} = 2\mathrm{e}^2$，

所以 $\mathrm{d}z = \mathrm{e}^2\mathrm{d}x + 2\mathrm{e}^2\mathrm{d}y.$

*9.3.2 全微分在近似计算和误差分析中的应用

1. 近似计算

当二元函数 $z = f(x,y)$ 在点 $P(x,y)$ 的两个偏导数 $f_x(x,y),f_y(x,y)$ 连续，并且 $|\Delta x|,|\Delta y|$ 都较小时，有近似等式

$$\Delta z \approx \mathrm{d}z = f_x(x,y)\Delta x + f_y(x,y)\Delta y,$$

即 $$f(x+\Delta x,y+\Delta y) \approx f(x,y) + f_x(x,y)\Delta x + f_y(x,y)\Delta y.$$

我们可以利用上述近似等式对二元函数作近似计算.

【例5】 有一圆柱体,受压后发生形变,它的半径由 $30\mathrm{cm}$ 增大到 $30.05\mathrm{cm}$,高度由 $60\mathrm{cm}$ 减小到 $59.5\mathrm{cm}$. 求此圆柱体体积变化的近似值.

解 设圆柱体的半径、高和体积依次为 r,h 和 V,则有 $V = f(r,h) = \dfrac{1}{3}\pi r^2 h$,且

$f_r(r,h) = \dfrac{2}{3}\pi rh,f_h(r,h) = \dfrac{1}{3}\pi r^2$. $r_0 = 30\mathrm{cm},\Delta r = 0.05\mathrm{cm},h_0 = 60\mathrm{cm},\Delta h = 0.5\mathrm{cm}$,由此可得

$$\begin{aligned}\Delta V &\approx f_r(r,h)\Delta r + f_h(r,h)\Delta h\\ &= \dfrac{2}{3}\pi r_0 h_0\Delta r + \dfrac{1}{3}\pi r^2\Delta h\\ &= \dfrac{2}{3}\pi\cdot 30\cdot 60\cdot 0.5 + \dfrac{1}{3}\pi\cdot 30^2\cdot(-0.5)\\ &= 450\pi,\end{aligned}$$

即圆锥体的体积大约增加了 $450\pi\mathrm{cm}^3$.

【例6】 计算$(1.04)^{2.02}$的近似值.

解 设函数 $z = f(x,y) = x^y$. 显然,要计算的值就是函数在 $x = 1.04,y = 2.02$ 时的函数值 $f(1.04,2.02)$. 取 $x = 1.00,y = 2.00,\Delta x = 0.04,\Delta y = 0.02$. 由于

$$f(x+\Delta x,y+\Delta y) \approx f(x,y) + f_x(x,y)\Delta x + f_y(x,y)\Delta y = x^y + yx^{y-1}\Delta x + x^y\ln x\Delta y$$

所以$(1.04)^{2.02} \approx 1^2 + 2\times 1^{2-1}\times 0.04 + 1^2\times\ln 1\times 0.02 = 1.08.$

2. 误差估计

对于一般的二元函数 $z = f(x,y)$,如果自变量 x,y 的绝对误差分别为 δ_x,δ_y,即 $|\Delta x|\leqslant \delta_x,|\Delta y|\leqslant \delta_y$. 利用公式 $\Delta z \approx \mathrm{d}z = f_x(x,y)\Delta x + f_y(x,y)\Delta y$,从而得到 z 的误差约为

$$\mid \Delta z \mid \approx \mid \mathrm{d}z \mid = \left| \frac{\partial z}{\partial x}\Delta x + \frac{\partial z}{\partial y}\Delta y \right|$$

$$\leqslant \left| \frac{\partial z}{\partial x} \right| \cdot \mid \Delta x \mid + \left| \frac{\partial z}{\partial y} \right| \cdot \mid \Delta y \mid$$

$$\leqslant \left| \frac{\partial z}{\partial x} \right| \cdot \delta_x + \left| \frac{\partial z}{\partial y} \right| \cdot \delta_y,$$

则 z 的绝对误差为 $\delta_z = \left| \frac{\partial z}{\partial x} \right| \cdot \delta_x + \left| \frac{\partial z}{\partial y} \right| \cdot \delta_y$ 或 $\delta_z = \left| f_x(x,y) \right| \delta_x + \left| f_y(x,y) \right| \delta_y$.

z 的相对误差界约为

$$\frac{\delta_z}{\mid z \mid} = \frac{\left| \frac{\partial z}{\partial x} \right|}{\mid z \mid}\delta_x + \frac{\left| \frac{\partial z}{\partial y} \right|}{\mid z \mid}\delta_y \text{ 或 } \frac{\delta_z}{\mid z \mid} = \frac{\mid f_x(x,y) \mid}{\mid f(x,y) \mid}\delta_x + \frac{\mid f_y(x,y) \mid}{\mid f(x,y) \mid}\delta_y.$$

【例 7】 利用单摆摆动测定重力加速度 g 的公式是 $g = \dfrac{4\pi^2 l}{T^2}$. 现测得单摆摆长 l 与振动周期 T 分别为 $l = 100 \pm 0.1\mathrm{cm}, T = 2 \pm 0.004\mathrm{s}$. 问:由于测定 l 与 T 的误差而引起 g 的绝对误差和相对误差各为多少?

解 如果把测量 l 与 T 所产生的误差当作 $\mid \Delta l \mid$ 与 $\mid \Delta T \mid$, 则利用上述计算公式所产生的误差就是二元函数 $g = \dfrac{4\pi^2 l}{T^2}$ 的全增量的绝对值 $\mid \Delta g \mid$. 由于 $\mid \Delta l \mid, \mid \Delta T \mid$ 都很小,因此我们可以用 $\mathrm{d}g$ 来近似地代替 Δg,这样就得到 g 的误差为

$$\mid \Delta g \mid \approx \mid \mathrm{d}g \mid = \left| \frac{\partial g}{\partial l}\Delta l + \frac{\partial g}{\partial T}\Delta T \right|$$

$$\leqslant \left| \frac{\partial g}{\partial l} \right| \cdot \delta_l + \left| \frac{\partial g}{\partial T} \right| \cdot \delta_T$$

$$= 4\pi^2 \left(\frac{1}{T^2}\delta_l + \frac{2l}{T^3}\delta_T \right),$$

其中 δ_l, δ_T 为 l 与 T 的绝对误差. 把 $l = 100, T = 2, \delta_l = 0.1, \delta_T = 0.004$ 代入上式,求得 g 的绝对误差和相对误差分别为

$$\delta_g = 4\pi^2 \left(\frac{0.1}{2^2} + \frac{2 \times 100}{2^3} \times 0.004 \right) = 0.5\pi^2 = 4.93(\mathrm{cm/s^2}),$$

$$\frac{\delta_g}{g} = \frac{0.5\pi^2}{\frac{4\pi^2 \times 100}{2^2}} = 0.5\%.$$

▶▶▶ 习题 9.3 ◀◀◀

1. 选择题:

(1) 函数 $z = \ln(x^3 + y^3)$ 在点 $(1,1)$ 处的全微分 $\mathrm{d}z = ($).

  A. $\mathrm{d}x + \mathrm{d}y$ B. $2(\mathrm{d}x + \mathrm{d}y)$

  C. $3(\mathrm{d}x + \mathrm{d}y)$ D. $\frac{3}{2}(\mathrm{d}x + \mathrm{d}y)$

(2) 函数 $f(x,y)$ 在 (x_0, y_0) 处可微是在该点处连续的( )条件.

A. 充分   B. 必要   C. 充分必要   D. 无关的

(3) 函数 $z = f(x,y)$ 在点 (x_0,y_0) 处具有偏导数是它在该点存在全微分的(   ).

A. 必要而非充分条件   B. 充分而非必要条件

C. 充分必要条件   D. 既非充分又非必要条件

(4) 函数 $f(x,y) = \begin{cases} \dfrac{x^2 y^2}{x^4 + y^4}, & (x,y) \neq (0,0) \\ 0, & (x,y) = (0,0) \end{cases}$ 在点 $(0,0)$ 处(   ).

A. 连续但不可微   B. 可微

C. 有偏导数但不可微   D. 既不连续又无偏导数

2. 填空题:

(1) 设 $z = \dfrac{x+y}{x-y}$,则 $\mathrm{d}z = $ _____ .

(2) 设 $z = (1+x)^y$,则 $\mathrm{d}z = $ _____ .

(3) 设函数 $z = z(x,y)$ 由方程 $\sqrt{x} + \sqrt{y} + \sqrt{z} = 1$ 所确定,则全微分 $\mathrm{d}z = $ _____ .

(4) 设函数 $z = \dfrac{y}{x}$,则 $x = 2, y = 1, \Delta x = 0.1, \Delta y = -0.2$ 时的全微分为 _____ .

3. 求下列函数的全微分:

(1) $z = x^{y^2}$;   (2) $z = \mathrm{e}^{\sin \frac{y}{x}}$.

4. 设 $z = f(x,y)$ 是由方程 $z - y - x + x\mathrm{e}^{z-y-x} = 0$ 所确定的二元函数,求 $\mathrm{d}z$.

5. 利用全微分近似计算 $(0.98)^{2.03}$.

6. 一个圆柱形无盖容器,壁与底的厚度均为 $0.1\mathrm{cm}$,内高为 $20\mathrm{cm}$,半径为 $4\mathrm{cm}$,求容器外壳体积的近似值.

§9.4   多元复合函数的微分法

多元复合函数与隐函数的求导是多元函数微分学中的一个重要内容. 本节就是要把一元函数微分学中的求导法则推广到多元函数中去.

9.4.1   复合函数的中间变量为一元函数的情形 $z = f[\varphi(t), \psi(t)]$

定理 9.6   如果函数 $u = \varphi(t)$ 及 $v = \psi(t)$ 都在点 t 可导,函数 $z = f(u,v)$ 在对应点 (u,v) 具有连续偏导数,则复合函数 $z = f[\varphi(t), \psi(t)]$ 在点 t 可导,且其导数可用下列公式计算:

$$\frac{\mathrm{d}z}{\mathrm{d}t} = \frac{\partial z}{\partial u} \frac{\mathrm{d}u}{\mathrm{d}t} + \frac{\partial z}{\partial v} \frac{\mathrm{d}v}{\mathrm{d}t} \tag{9-4}$$

【例1】   设函数 $u = x^y$,而 $x = \mathrm{e}^t, y = \sin t$,求全导数 $\dfrac{\mathrm{d}u}{\mathrm{d}t}$.

解 $\dfrac{\mathrm{d}u}{\mathrm{d}t} = \dfrac{\partial u}{\partial x} \dfrac{\mathrm{d}x}{\mathrm{d}t} + \dfrac{\partial u}{\partial y} \dfrac{\mathrm{d}y}{\mathrm{d}t} = yx^{y-1}\mathrm{e}^t + x^y \ln x \cos t = \mathrm{e}^{t\sin t}(\sin t + t\cos t)$.

【说明】   用同样的方法,可把定理推广到复合函数的中间变量多于两个的情形. 例如,

设 $z = f(u,v,w), u = \varphi(t), v = \psi(t), w = \omega(t)$ 复合而得复合函数

$$z = f[\varphi(t), \psi(t), \omega(t)],$$

则在与定理相类似的条件下,这个复合函数在点 t 可导,且其导数可用下列公式计算:

$$\frac{\mathrm{d}z}{\mathrm{d}t} = \frac{\partial z}{\partial u} \frac{\mathrm{d}u}{\mathrm{d}t} + \frac{\partial z}{\partial v} \frac{\mathrm{d}v}{\mathrm{d}t} + \frac{\partial z}{\partial w} \frac{\mathrm{d}w}{\mathrm{d}t} \tag{9-5}$$

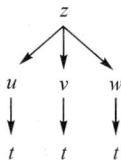

在公式(9-4)及(9-5)中的导数 $\dfrac{\mathrm{d}z}{\mathrm{d}t}$ 称为全导数.

【例 2】　设 $z = uv + \sin t$, 而 $u = \mathrm{e}^t, v = \cos t$. 求全导数 $\dfrac{\mathrm{d}z}{\mathrm{d}t}$.

解　$\dfrac{\mathrm{d}z}{\mathrm{d}t} = \dfrac{\partial z}{\partial u} \dfrac{\mathrm{d}u}{\mathrm{d}t} + \dfrac{\partial z}{\partial v} \dfrac{\mathrm{d}v}{\mathrm{d}t} + \dfrac{\partial z}{\partial t} = v\mathrm{e}^t - u\sin t + \cos t$

$\qquad = \mathrm{e}^t\cos t - \mathrm{e}^t\sin t + \cos t = \mathrm{e}^t(\cos t - \sin t) + \cos t.$

9.4.2　复合函数的中间变量为多元函数的情形 $z = f[\varphi(x,y), \psi(x,y)]$

定理 9.7　若 $u = \varphi(x,y)$ 及 $v = \psi(x,y)$ 在点 (x,y) 具有偏导数,而函数 $z = f(u,v)$ 在对应点 (u,v) 具有连续偏导数,则复合函数 $z = f[\varphi(x,y), \psi(x,y)]$ 在点 (x,y) 两个偏导数存在,且有公式

$$\frac{\partial z}{\partial x} = \frac{\partial z}{\partial u} \frac{\partial u}{\partial x} + \frac{\partial z}{\partial v} \frac{\partial v}{\partial x} \tag{9-6}$$

$$\frac{\partial z}{\partial y} = \frac{\partial z}{\partial u} \frac{\partial u}{\partial y} + \frac{\partial z}{\partial v} \frac{\partial v}{\partial y} \tag{9-7}$$

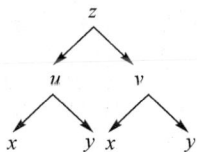

【例 3】　设函数 $z = u^v$, 而 $u = 3x^2 + y^2, v = 4x + 2y$, 求 $\dfrac{\partial z}{\partial x}, \dfrac{\partial z}{\partial y}$.

解　$\dfrac{\partial z}{\partial x} = \dfrac{\partial z}{\partial u} \dfrac{\partial u}{\partial x} + \dfrac{\partial z}{\partial v} \dfrac{\partial v}{\partial x} = vu^{v-1}6x + u^v\ln u \cdot 4$

$\qquad = 6x(4x + 2y)(3x^2 + y^2)^{4x+2y-1} + 4(3x^2 + y^2)^{4x+2y}\ln(3x^2 + y^2).$

$$\frac{\partial z}{\partial y} = \frac{\partial z}{\partial u}\frac{\partial u}{\partial y} + \frac{\partial z}{\partial v}\frac{\partial v}{\partial y} = vu^{v-1}2y + 2u^v\ln u$$

$$= 2y(4x+2y)(3x^2+y^2)^{4x+2y-1} + 2(3x^2+y^2)^{4x+2y}\ln(3x^2+y^2).$$

【例 4】 设 $z = e^u\sin v$,而 $u = xy,v = x + y.$ 求 $\frac{\partial z}{\partial x}$ 和 $\frac{\partial z}{\partial y}$.

解 $\quad \frac{\partial z}{\partial x} = \frac{\partial z}{\partial u}\frac{\partial u}{\partial x} + \frac{\partial z}{\partial v}\frac{\partial v}{\partial x} = e^u\sin v \cdot y + e^u\cos v \cdot 1 = e^{xy}[y\sin(x+y)+\cos(x+y)],$

$$\frac{\partial z}{\partial y} = \frac{\partial z}{\partial u}\frac{\partial u}{\partial y} + \frac{\partial z}{\partial v}\frac{\partial v}{\partial y} = e^u\sin v \cdot x + e^u\cos v \cdot 1 = e^{xy}[x\sin(x+y)+\cos(x+y)].$$

【说明】 事实上,这里求 $\frac{\partial z}{\partial x}$ 时,将 y 看作常量,因此中间变量 u 及 v 仍可看作一元函数而应用上述定理. 但由于复合函数 $z = f[\varphi(x,y),\psi(x,y)]$ 以及 $u = \varphi(x,y)$ 和 $v = \psi(x,y)$ 都是 x,y 的二元函数,所以应把(9-4)式中的 d 改为 ∂,再把 t 换成 x,这样便由(9-4)得到(9-6)式. 同理由(9-4)式可得到(9-7)式.

类似地,设 $u = \varphi(x,y),v = \psi(x,y)$ 及 $w = \omega(x,y)$ 都在点 (x,y) 具有对 x 及对 y 的偏导数,函数 $z = f(u,v,w)$ 在对应点 (u,v,w) 具有连续偏导数,则复合函数

$$z = f[\varphi(x,y),\psi(x,y),\omega(x,y)].$$

在点 (x,y) 的两个偏导数都存在,且可用下列公式计算:

$$\frac{\partial z}{\partial x} = \frac{\partial z}{\partial u}\frac{\partial u}{\partial x} + \frac{\partial z}{\partial v}\frac{\partial v}{\partial x} + \frac{\partial z}{\partial w}\frac{\partial w}{\partial x} \tag{9-8}$$

$$\frac{\partial z}{\partial y} = \frac{\partial z}{\partial u}\frac{\partial u}{\partial y} + \frac{\partial z}{\partial v}\frac{\partial v}{\partial y} + \frac{\partial z}{\partial w}\frac{\partial w}{\partial y} \tag{9-9}$$

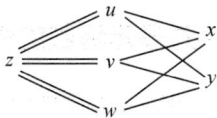

9.4.3 复合函数的中间变量既有一元也有多元函数的情形 $z = f[u(x,y),x,y]$

定理 9.8 如果 $z = f(u,v,w)$ 具有连续偏导数,而 $u = \varphi(x,y)$ 具有偏导数,则复合函数 $z = f[\varphi(x,y),x,y]$ 具有对自变量 x 及 y 的偏导数,且

$$\frac{\partial z}{\partial x} = \frac{\partial f}{\partial u}\frac{\partial u}{\partial x} + \frac{\partial f}{\partial x} \tag{9-10}$$

$$\frac{\partial z}{\partial y} = \frac{\partial f}{\partial u}\frac{\partial u}{\partial y} + \frac{\partial f}{\partial y} \tag{9-11}$$

事实上,$z = f[\varphi(x,y),x,y]$ 可看作公式 $z = f(u,v,w)$ 中当 $u = \varphi(x,y),v = x,w = y$ 的特殊情形,因此 $\frac{\partial v}{\partial x} = 1,\frac{\partial w}{\partial x} = 0,\frac{\partial v}{\partial y} = 0,\frac{\partial w}{\partial y} = 1$,从而复合函数 $z = f[\varphi(x,y),x,y]$ 具有对自变量 x 及 y 的偏导数,且由公式(9-8)及(9-9)可得公式(9-10)及(9-11).

【注意】 这里 $\frac{\partial z}{\partial x}$ 与 $\frac{\partial f}{\partial x}$ 是不同的,$\frac{\partial z}{\partial x}$ 是把复合函数 $z = f[\varphi(x,y),x,y]$ 中的 y 看作不

变而对 x 的偏导数, $\dfrac{\partial f}{\partial x}$ 是把 $f(u,x,y)$ 中的 u 及 y 看作不变而对 x 的偏导数. $\dfrac{\partial z}{\partial y}$ 与 $\dfrac{\partial f}{\partial y}$ 也有类似的区别.

【例 5】 设函数 $u = f(x,y,z) = \mathrm{e}^{x^2+y^2+z^2}$, 而 $z = x^2\sin y$, 求 $\dfrac{\partial u}{\partial x}$ 和 $\dfrac{\partial u}{\partial y}$.

解　$\dfrac{\partial u}{\partial x} = \dfrac{\partial f}{\partial x} + \dfrac{\partial f}{\partial z}\dfrac{\partial z}{\partial x} = 2x\mathrm{e}^{x^2+y^2+z^2} + 2z\mathrm{e}^{x^2+y^2+z^2} \cdot 2x\sin y$

$$= 2x(1 + 2x^2\sin^2 y)\mathrm{e}^{x^2+y^2+x^4\sin^2 y};$$

$\dfrac{\partial u}{\partial y} = \dfrac{\partial f}{\partial y} + \dfrac{\partial f}{\partial z}\dfrac{\partial z}{\partial y} = 2y\mathrm{e}^{x^2+y^2+z^2} + 2z\mathrm{e}^{x^2+y^2+z^2} \cdot x^2\cos y$

$$= 2(y + x^4\sin y\cos y)\mathrm{e}^{x^2+y^2+x^4\sin^2 y}.$$

*9.4.4　全微分形式不变性

设函数 $z = f(u,v)$ 具有连续偏导数, 则有全微分

$$\mathrm{d}z = \frac{\partial z}{\partial u}\mathrm{d}u + \frac{\partial z}{\partial v}\mathrm{d}v.$$

如果 u,v 又是 x,y 的函数 $u = \varphi(x,y), v = \psi(x,y)$, 且这两个函数也具有连续偏导数, 则复合函数 $z = f[\varphi(x,y), \psi(x,y)]$ 的全微分为

$$\mathrm{d}z = \frac{\partial z}{\partial x}\mathrm{d}x + \frac{\partial z}{\partial y}\mathrm{d}y,$$

其中 $\dfrac{\partial z}{\partial x}$ 及 $\dfrac{\partial z}{\partial y}$ 分别由公式 (9-6) 和 (9-7) 给出, 把公式 (9-6) 和 (9-7) 中的 $\dfrac{\partial z}{\partial x}$ 及 $\dfrac{\partial z}{\partial y}$ 代入上式, 得

$$\mathrm{d}z = \left(\frac{\partial z}{\partial u}\frac{\partial u}{\partial x} + \frac{\partial z}{\partial v}\frac{\partial v}{\partial x}\right)\mathrm{d}x + \left(\frac{\partial z}{\partial u}\frac{\partial u}{\partial y} + \frac{\partial z}{\partial v}\frac{\partial v}{\partial y}\right)\mathrm{d}y$$

$$= \frac{\partial z}{\partial u}\left(\frac{\partial u}{\partial x}\mathrm{d}x + \frac{\partial u}{\partial y}\mathrm{d}y\right) + \frac{\partial z}{\partial v}\left(\frac{\partial v}{\partial x}\mathrm{d}x + \frac{\partial v}{\partial y}\mathrm{d}y\right)$$

$$= \frac{\partial z}{\partial u}\mathrm{d}u + \frac{\partial z}{\partial v}\mathrm{d}v.$$

由此可见, 无论 z 是自变量 u,v 的函数还是中间变量 u,v 的函数, 它的全微分形式是一样的. 这个性质叫作**全微分形式不变性**.

【例 6】 利用全微分形式不变性求微分 $\mathrm{d}z = \mathrm{d}(\mathrm{e}^u\sin v)$, 其中 $u = xy, v = x + y$.

解　因为 $\mathrm{d}z = \mathrm{d}(\mathrm{e}^u\sin v) = \mathrm{e}^u\sin v\mathrm{d}u + \mathrm{e}^u\cos v\mathrm{d}v$, 又 $\mathrm{d}u = \mathrm{d}(xy) = y\mathrm{d}x + x\mathrm{d}y$, $\mathrm{d}v = \mathrm{d}(x+y) = \mathrm{d}x + \mathrm{d}y$,

所以 $\mathrm{d}z = \mathrm{e}^u\sin v \cdot (y\mathrm{d}x + x\mathrm{d}y) + \mathrm{e}^u\cos v(\mathrm{d}x + \mathrm{d}y)$

$= (\mathrm{e}^u\sin v \cdot y + \mathrm{e}^u\cos v)\mathrm{d}x + (\mathrm{e}^u\sin v \cdot x + \mathrm{e}^u\cos v)\mathrm{d}y$

$= \mathrm{e}^{xy}[y\sin(x+y) + \cos(x+y)]\mathrm{d}x + \mathrm{e}^{xy}[x\sin(x+y) + \cos(x+y)]\mathrm{d}y.$

若先求出 $\dfrac{\partial z}{\partial x} = \mathrm{e}^{xy}[y\sin(x+y) + \cos(x+y)]$, $\dfrac{\partial z}{\partial y} = \mathrm{e}^{xy}[x\sin(x+y) + \cos(x+y)]$,

代入公式 $\mathrm{d}z = \dfrac{\partial z}{\partial x}\mathrm{d}x + \dfrac{\partial z}{\partial y}\mathrm{d}y$ 得结果完全一样.

9.4.5　隐函数的求导公式

1. 二元方程的情形

在一元函数中我们学习过隐函数的求导法则，但未给出一般的公式．现在介绍隐函数存在定理，并根据多元复合函数的求导法来导出隐函数的导数公式．

定理 9.9（隐函数存在定理1）　设函数 $F(x,y)$ 在点 $P(x_0,y_0)$ 的某一邻域内具有连续的偏导数，且 $F(x_0,y_0)=0$，$F_y(x_0,y_0)\neq 0$，则方程 $F(x,y)=0$ 在点 (x_0,y_0) 的某一邻域内恒能唯一确定一个隐函数 $y=f(x)$，它满足条件 $y_0=f(x_0)$，并有

$$\frac{\mathrm{d}y}{\mathrm{d}x}=-\frac{F_x}{F_y} \tag{9-12}$$

公式（9-12）就是隐函数的求导公式

这个定理不作证明．现仅就公式（9-12）作如下推导：

将方程 $F(x,y)=0$ 所确定的函数 $y=f(x)$ 代入，得恒等式 $F(x,f(x))\equiv 0$，其左端可以看作是 x 的一个复合函数，求这个函数的全导数，由于恒等式两端求导后仍然恒等，即得 $\dfrac{\partial F}{\partial x}+\dfrac{\partial F}{\partial y}\dfrac{\mathrm{d}y}{\mathrm{d}x}=0$，由于 $F_y(x_0,y_0)\neq 0$，所以 $\dfrac{\mathrm{d}y}{\mathrm{d}x}=-\dfrac{F_x}{F_y}$．

【例 7】　设 $x^2+y^2=1$，求 $\dfrac{\mathrm{d}y}{\mathrm{d}x}$．

解　因为 $F(x,y)=x^2+y^2-1$，$F'_x(x,y)=2x$，$F'_y(x,y)=2y$，

所以
$$\frac{\mathrm{d}y}{\mathrm{d}x}=-\frac{F_x}{F_y}=-\frac{2x}{2y}=-\frac{x}{y}.$$

2. 三元方程的情形

隐函数存在定理还可以推广到多元函数．二元方程可以确定一个一元隐函数，三元方程可能确定一个二元隐函数．与定理 9.9 一样，我们同样可以由三元函数 $F(x,y,z)$ 的性质来断定由方程 $F(x,y,z)=0$ 所确定的二元函数 $z=f(x,y)$ 的存在．这就是下面的定理：

定理 9.10（隐函数存在定理2）　设函数 $F(x,y,z)$ 在点 $P(x_0,y_0,z_0)$ 的某一邻域内具有连续的偏导数，且 $F(x_0,y_0,z_0)=0$，$F_z(x_0,y_0,z_0)\neq 0$，则方程 $F(x,y,z)=0$ 在点 (x_0,y_0,z_0) 的某一邻域内恒能唯一确定一个隐函数 $z=f(x,y)$，它满足条件 $z_0=f(x_0,y_0)$，并有

$$\frac{\partial z}{\partial x}=-\frac{F_x}{F_z},\ \frac{\partial z}{\partial y}=-\frac{F_y}{F_z} \tag{9-13}$$

这个定理我们不证．与定理 9.9 类似，仅就公式（9-13）作如下推导：

由于 $F(x,y,f(x,y))=0$，将上式两端分别对 x 和 F_x 求导，应用复合函数求导法则得 $F_x+F_z\dfrac{\partial z}{\partial x}=0$，$F_y+F_z\dfrac{\partial z}{\partial y}=0$．因为 F_z 连续，且 $F_z(x_0,y_0,z_0)\neq 0$，所以存在点 (x_0,y_0,z_0) 的一个邻域，在这个邻域内 $F_z\neq 0$，于是得 $\dfrac{\partial z}{\partial x}=-\dfrac{F_x}{F_z}$，$\dfrac{\partial z}{\partial y}=-\dfrac{F_y}{F_z}$．

【例 8】　设 $\mathrm{e}^{-xy}-2z+\mathrm{e}^{-z}=0$，求 $\dfrac{\partial z}{\partial x}$，$\dfrac{\partial z}{\partial y}$．

解一　用公式法，设 $F(x,y,z)=\mathrm{e}^{-xy}-2z+\mathrm{e}^{-z}=0$，则

$F_x=-y\mathrm{e}^{-xy}$，$F_y=-x\mathrm{e}^{-xy}$，$F_z=-2-\mathrm{e}^{-z}$，

$$\frac{\partial z}{\partial x} = -\frac{F_x}{F_z} = -\frac{-ye^{-xy}}{-2-e^{-z}} = -\frac{ye^{-xy}}{2+e^{-z}}; \frac{\partial z}{\partial y} = -\frac{F_y}{F_z} = -\frac{-xe^{-xy}}{-2-e^{-z}} = -\frac{xe^{-xy}}{2+e^{-z}}.$$

解二　方程两端求导,由于方程有三个变量,故只有两个变量是独立的,所以求 $\frac{\partial z}{\partial x}$, $\frac{\partial z}{\partial y}$ 时,将 z 看作 x,y 的函数.方程两端对 x 求偏导数,得

$$e^{-xy}(-y) - 2\frac{\partial z}{\partial x} - e^{-z} \cdot \frac{\partial z}{\partial x} = 0, 即 \frac{\partial z}{\partial x} = -\frac{ye^{-xy}}{2+e^{-z}};$$

方程两端对 y 求偏导数,得

$$e^{-xy}(-x) - 2\frac{\partial z}{\partial y} - e^{-z} \cdot \frac{\partial z}{\partial y} = 0, 即 \frac{\partial z}{\partial y} = -\frac{xe^{-xy}}{2+e^{-z}}.$$

解三　利用全微分求 $\frac{\partial z}{\partial x}$, $\frac{\partial z}{\partial y}$. 方程两端求全微分,利用微分形式不变性,则

$$d(e^{-xy}) - 2dz + de^{-z} = 0,$$
$$-e^{-xy}d(xy) - 2dz - e^{-z}dz = 0,$$
$$-e^{-xy}(ydx + xdy) - (2+e^{-z})dz = 0,$$
$$dz = -\frac{ye^{-xy}}{2+e^{-z}}dx - \frac{xe^{-xy}}{2+e^{-z}}dy,$$

因此 $\frac{\partial z}{\partial x} = -\frac{ye^{-xy}}{2+e^{-z}}, \frac{\partial z}{\partial y} = -\frac{xe^{-xy}}{2+e^{-z}}.$

用公式法求隐函数的偏导数时,将 $F(x,y,z)$ 看成是三个自变量 x,y,z 的函数,即 x,y,z 处于同等地位.方程两端对 x 求偏导数时,x,y 是自变量,z 是 x,y 的函数,它们的地位是不同的.两个隐函数存在定理使我们能够计算由一个方程或方程组确定的隐函数的导数.

▶▶▶▶ 习题 9.4 ◀◀◀◀

1. 选择题:

(1) 设 $f(x,y) = \arcsin\sqrt{\dfrac{y}{x}}$,则 $f_x(2,1) = ($　　$)$.

　A. $-\dfrac{1}{4}$　　　　　　　　　　　B. $\dfrac{1}{4}$

　C. $-\dfrac{1}{2}$　　　　　　　　　　　D. $\dfrac{1}{2}$

(2) 设 $u = \arctan\dfrac{y}{x}$,则 $\dfrac{\partial u}{\partial x} = ($　　$)$.

　A. $-\dfrac{y}{x^2+y^2}$　　　　　　　　　B. $\dfrac{x}{x^2+y^2}$

　C. $\dfrac{y}{x^2+y^2}$　　　　　　　　　　D. $\dfrac{-x}{x^2+y^2}$

(3) 设 $u = \arcsin\dfrac{x}{\sqrt{x^2+y^2}}(y<0)$,则 $\dfrac{\partial u}{\partial y} = ($　　$)$.

　A. $\dfrac{x}{x^2+y^2}$　　　　　　　　　　B. $\dfrac{-x}{x^2+y^2}$

C. $\dfrac{|x|}{x^2+y^2}$ D. $\dfrac{-|x|}{x^2+y^2}$

(4) 若 $f(x,2x)=x^2+3x$,$f_x(x,2x)=6x+1$,则 $f_y(x,2x)=$（   ）.

A. $x+\dfrac{3}{2}$ B. $x-\dfrac{3}{2}$

C. $2x+1$ D. $-2x+1$

2. 填空题:

(1) 设函数 $z=z(x,y)$ 由方程 $x+y+z=\mathrm{e}^{-(x^2+y^2+z^2)}$ 所确定,则 $\dfrac{\partial z}{\partial x}=$ _____ .

(2) 函数 $y=y(x)$ 由 $1+x^2y=\mathrm{e}^y$ 所确定,则 $\dfrac{\mathrm{d}y}{\mathrm{d}x}=$ _____ .

(3) 设 $x^2+y^2-1=0$,则 $\dfrac{\mathrm{d}y}{\mathrm{d}x}=$ _____ .

(4) 设 $z=u^3$,$u=y^x$,则 $\dfrac{\partial z}{\partial x}=$ _____ ,$\dfrac{\partial z}{\partial y}=$ _____ .

3. 求下列函数的全微分:

(1) $z=f(\mathrm{e}^{xy},x^2+y^2)$;   (2) $u=f(x,xy,xyz)$.

4. 设 $\mathrm{e}^x-x^2y+\sin x=0$,求 $\dfrac{\mathrm{d}y}{\mathrm{d}x}$.

5. 设 $z=z(x,y)$ 由方程 $F(x-z,y-z)=0$ 所确定,其中 F 具有一阶连续偏导数,求 $\dfrac{\partial z}{\partial x}+\dfrac{\partial z}{\partial y}$.

6. 函数 $z=z(x,y)$ 由方程 $x^2+y^2+z^2=yf\left(\dfrac{z}{y}\right)$ 所确定,其中 f 可微,且 $f'-2z\neq 0$,求 $\dfrac{\partial z}{\partial x}$.

§9.5   多元函数微分法在几何上的应用

9.5.1   空间曲线的切线与法平面

在直角坐标系下,空间上的点 M 与一个有序数组 (x_0,y_0,z_0) 对应起来,x_0,y_0,z_0 分别称为 M 在 x 轴、y 轴和 z 轴上的坐标.

既有大小又有方向的量叫向量. 一般地,向量用黑体小写字母表示,如 a,b 或带箭头的小写字母 $\vec{a}$、$\vec{b}$ 等. 向量 a 与 x 轴、y 轴和 z 轴的正向所成的角 α,β,γ 分别称为向量 a 的方向角(见图 9-5-1A). 如果向量 a 的终点坐标为 (a_1,a_2,a_3),则向量 a 可表示为

$$a=a_1\boldsymbol{i}+a_2\boldsymbol{j}+a_3\boldsymbol{k} \text{ 或 } a=(a_1,a_2,a_3),\text{(见图 9-5-1B)}$$

这里,$\boldsymbol{i},\boldsymbol{j}$ 和 $\boldsymbol{k}$ 分别表示长度为 1、方向分别与 x 轴、y 轴和 z 轴的正向同向的基向量. 基向量 $\boldsymbol{i},\boldsymbol{j}$ 和 $\boldsymbol{k}$ 的坐标形式分别为 $\boldsymbol{i}=(1,0,0)$,$\boldsymbol{j}=(0,1,0)$ 和 $\boldsymbol{k}=(0,0,1)$. 设空间两点 $M_1(x_1,y_1,z_1)$,$M_2(x_2,y_2,z_2)$,则以 M_1 为始点、M_2 为终点的向量

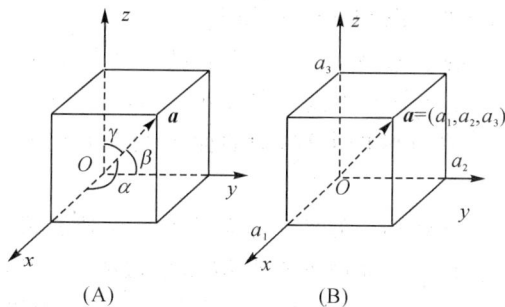

图 9-5-1

$$\overrightarrow{M_1 M_2} = (x_2 - x_1)\boldsymbol{i} + (y_2 - y_1)\boldsymbol{j} + (z_2 - z_1)\boldsymbol{k}.$$

定义 9.7　如图 9-5-2 所示,与直线 L 平行的向量 $\boldsymbol{s}$,称为该直线 l 的**方向向量**.

【注意】　一条直线的方向向量不是唯一的,可以有无数个,但方向有两个,可以是由直线的一头朝向另一头,也可以是另一头朝向原来的一头.

直线的标准表示法:已知直线 L 经过一点 $M_0 = (x_0, y_0, z_0)$,一个方向向量是 $\boldsymbol{s} = (l, m, n)$,则直线方程为 $\dfrac{x - x_0}{l} = \dfrac{y - y_0}{m} = \dfrac{z - z_0}{n}$,这个方程称为**直线 L 的点向式方程或标准方程**.

直线的参数方程表示法:设直线 L 过点 $M_0(x_0, y_0, z_0)$ 且以 $\boldsymbol{s} - \{l, m, n\}$ 为方向向量,

则直线 L 的参数方程为 $\begin{cases} x = x_0 + lt, \\ y = y_0 + mt, \\ z = z_0 + nt, \end{cases}$ 其中 t 为参数. 更一般地,直线的参数方程形式为

$\begin{cases} x = \varphi(t), \\ y = \phi(t), \\ z = \psi(t), \end{cases}$ 其中 t 为参数.

定义 9.8　如图 9-5-3 所示,与平面 π 垂直的向量 $\boldsymbol{n}$,称为平面 π 的**法向量**.

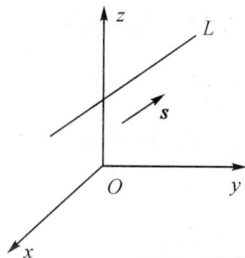

图 9-5-2

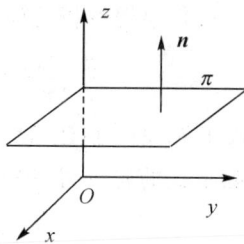

图 9-5-3

【注意】　一个平面的法向量也是不唯一的,可有无数多个,但方向有两个,可以垂直平面朝上,也可垂直平面朝下.

空间平面的一般表示法:已知平面 π 经过一点 $M_0 = (x_0, y_0, z_0)$,一个法向量是 $\boldsymbol{n} = (A, B, C)$,则平面方程为 $A(x - x_0) + B(y - y_0) + C(z - z_0) = 0$,这个方程称为**平面的点法式方程**.

定义 9.9 在空间直角坐标系 $Oxyz$ 下,如果

(1) 曲面 S 上的每一点的坐标 $M(x,y,z)$ 都满足方程 $F(x,y,z)=0$;

(2) 不在曲面 S 上的点的坐标都不满足方程 $F(x,y,z)=0$,

则称方程 $F(x,y,z)=0$ 为曲面 S 的方程,而曲面 S 叫作方程 $F(x,y,z)=0$ 的图形(见图 9-5-4).

与曲面 S 在点 $M(x,y,z)$ 处相切的平面称为 S 在点 M 处的**切平面**. 过曲面 S 上点 M 且垂直于该点处的切平面的直线称为曲面 S 在点 M 处的**法线**. 显然,切平面的法向量就是法线的方向向量. 过空间曲线的切点,且与切线垂直的平面,称为**法平面**. 即垂直于切线的平面.

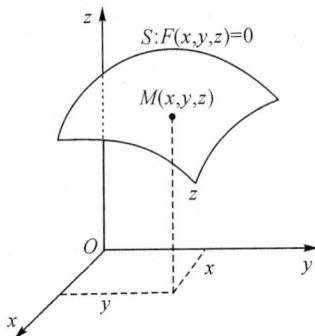

图 9-5-4

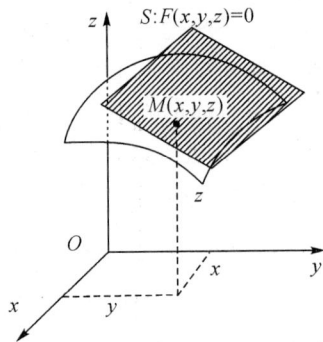

图 9-5-5

9.5.2 空间曲线的切线与法平面

设空间曲线 Γ 的参数方程为

$$x=\varphi(t),y=\phi(t),z=\omega(t) \tag{9-14}$$

这里假定式(9-14)的三个函数都可导.

在曲线上取对应于 $t=t_0$ 的一点 $M(x_0,y_0,z_0)$ 及对应于 $t=t_0+\Delta t$ 的邻近一点 $M'(x_0+\Delta x,y_0+\Delta y,z_0+\Delta z)$. 根据解析几何,曲线的割线 MM' 的方程是

$$\frac{x-x_0}{\Delta x}=\frac{y-y_0}{\Delta y}=\frac{z-z_0}{\Delta z}.$$

当 M' 沿着 Γ 趋于 M 时,割线 MM' 的极限位置 MT 就是曲线 Γ 在点 M 处的切线(图 9-5-6). 用 Δt 除上式的各分母,得

$$\frac{x-x_0}{\dfrac{\Delta x}{\Delta t}}=\frac{y-y_0}{\dfrac{\Delta y}{\Delta t}}=\frac{z-z_0}{\dfrac{\Delta z}{\Delta t}},$$

令 $M'\rightarrow M$(这时 $\Delta t\rightarrow 0$),通过对上式取极限,即得曲线在点 M 处的切线方程为

$$\frac{x-x_0}{\varphi'(t_0)}=\frac{y-y_0}{\phi'(t_0)}=\frac{z-z_0}{\omega'(t_0)} \tag{9-15}$$

这里当然要假定 $\varphi'(t_0),\phi'(t_0),\omega'(t_0)$ 不能都为零. 如果个别为零,则应按空间解析几何有关直线的对称式方程的说明来理解.

切线的方向向量称为**曲线的切向量**. 向量

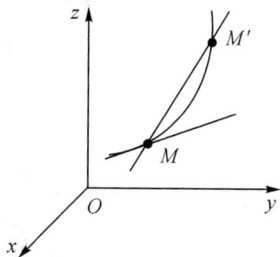

图 9-5-6

$$\boldsymbol{T} = \{\varphi'(t_0), \phi'(t_0), \omega'(t_0)\}$$

就是曲线 Γ 在点 M 处的一个切向量.

通过点 M 而与切线垂直的平面称为**曲线在点 M 处的法平面**,它是通过点 $M(x_0, y_0, z_0)$ 而以 $\boldsymbol{T}$ 为法向量的平面,因此该法平面的方程为

$$\varphi'(t_0)(x - x_0) + \phi'(t_0)(y - y_0) + \omega'(t_0)(z - z_0) = 0 \tag{9-16}$$

【例 1】　求曲线 $x = t, y = t^2, z = t^3$ 在点 $(1,1,1)$ 处的切线及法平面方程.

解　因为 $x'_t = 1, y'_t = 2t, z'_t = 3t^2$,而点 $(1,1,1)$ 对应的参数 $t = 1$,所以 $\boldsymbol{T} = \{1, 2, 3\}$.于是,切线方程为

$$\frac{x - 1}{1} = \frac{y - 1}{2} = \frac{z - 1}{3},$$

法平面方程为

$$(x - 1) + 2(y - 1) + 3(z - 1) = 0, \text{即 } x + 2y + 3z = 6.$$

如果空间曲线 Γ 的方程以

$$\begin{cases} y = \varphi(x) \\ z = \phi(x) \end{cases}$$

的形式给出,取 x 为参数,它就可以表示为参数方程的形式

$$\begin{cases} x = x \\ y = \varphi(x), \\ z = \phi(x) \end{cases}$$

若 $\phi(x), \varphi(x)$ 都在 $x = x_0$ 处可导,那么根据上面的讨论可知,$\boldsymbol{T} = \{1, \phi'(x), \varphi'(x)\}$,因此曲线在点 $M(x_0, y_0, z_0)$ 处的切线方程为

$$\frac{x - x_0}{1} = \frac{y - y_0}{\varphi'(x_0)} = \frac{z - z_0}{\phi'(x_0)},$$

在点 $M(x_0, y_0, z_0)$ 处的法平面方程为

$$(x - x_0) + \varphi'(x)(y - y_0) + \phi'(x)(z - z_0) = 0 \tag{9-17}$$

9.5.3　曲线的切平面与法线

我们先讨论由隐式给出曲面方程

$$F(x, y, z) = 0 \tag{9-18}$$

的情形,然后把由显式给出的曲面方程 $z = (x, y)$ 作为它的特殊情形.

设曲面 Σ 由方程(9-18)给出, $M(x_0, y_0, z_0)$ 是曲面 Σ 上的一点,并设函数 $F(x, y, z)$ 的偏导数在该点连续且不同时为零. 在曲面 Σ 上,通过点 M 任意引一条曲线(图9-5-7),假定曲线的参数方程为

$$x = \varphi(t), y = \phi(t), z = \omega(t) \tag{9-19}$$

$t = t_0$ 对应于点 $M(x_0, y_0, z_0)$ 且 $\varphi'(t_0), \phi'(t_0), \omega'(t_0)$ 不全为零,则由(9-15)式可得这曲线的切线方程为

$$\frac{x - x_0}{\varphi'(t_0)} = \frac{y - y_0}{\phi'(t_0)} = \frac{z - z_0}{\omega'(t_0)},$$

我们现在要证明,在曲面 Σ 上通过点 M 且在点 M 处具有切线的任何曲线,它们在点 M 处的切线都在同一个平面上. 事实上,因为曲线 Γ 完全在曲面 Σ 上,所以有恒等式

$$[\varphi(t), \phi(t), \omega(t)] \equiv 0,$$

又因 $F(x, y, z)$ 在点 (x_0, y_0, z_0) 处有连续偏导数,且 $\varphi'(t_0), \phi'(t_0)$ 和 $\omega'(t_0)$ 存在,所以该恒等式左边的复合函数在 $t = t_0$ 时有全导数,且该全导数等于零:

$$\frac{\mathrm{d}}{\mathrm{d}t} F[\varphi(t), \phi(t), \omega(t)]\bigg|_{t=t_0} = 0,$$

即有

$$F_x(x_0, y_0, z_0)\varphi'(t_0) + F_y(x_0, y_0, z_0)\phi'(t_0) + F_z(x_0, y_0, z_0)\omega'(t_0) = 0 \tag{9-20}$$

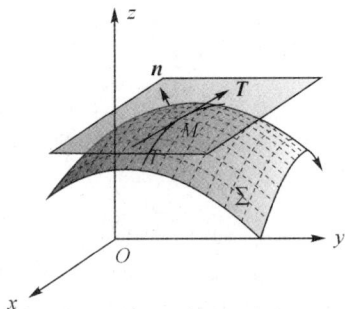

图 9-5-7

引入向量

$$\boldsymbol{n} = \{F_x(x_0, y_0, z_0), F_y(x_0, y_0, z_0), F_z(x_0, y_0, z_0)\},$$

则(9-20)式表示曲线(9-19)在点 M 处的切向量

$$\boldsymbol{T} = \{\varphi'(t_0), \phi'(t_0), \omega'(t_0)\}$$

与向量 $\boldsymbol{n}$ 垂直. 因为曲线(9-19)是曲面上通过点 M 的任意一条曲线,它们在点 M 的切线都与同一个向量 $\boldsymbol{n}$ 垂直,所以曲面上通过点 M 的一切曲线在点 M 的切线都在同一个平面上. 这个平面称为曲面 Σ 在点 M 的切平面.该切平面的方程是

$$F_x(x_0, y_0, z_0)(x - x_0) + F_y(x_0, y_0, z_0)(y - y_0) + F_z(x_0, y_0, z_0)(z - z_0) = 0 \tag{9-21}$$

通过点 $M(x_0, y_0, z_0)$ 而垂直于切平面(9-21)的直线称为**曲面在该点的法线**.该法线方程是

$$\frac{x - x_0}{F_x(x_0, y_0, z_0)} = \frac{y - y_0}{F_y(x_0, y_0, z_0)} = \frac{z - z_0}{F_z(x_0, y_0, z_0)} \tag{9-22}$$

垂直于曲面上切平面的向量称为**曲面的法向量**,向量

$$\boldsymbol{n} = \{F_x(x_0,y_0,z_0), F_y(x_0,y_0,z_0), F_z(x_0,y_0,z_0)\}$$

就是曲面 Σ 在点 M 处的一个法向量.

令 $\qquad\qquad\qquad F(x,y,z) = f(x,y) - z,$

可见 $\qquad F_x(x,y,z) = f_x(x,y), F_y(x,y,z) = f_y(x,y), F_z(x,y,z) = -1.$

于是,当函数 $f(x,y)$ 的偏导数 $f_x(x,y), f_y(x,y)$ 在点 (x_0,y_0) 连续时,曲面 $z = f(x,y)$ 在点 $M(x_0,y_0,z_0)$ 处的法向量为

$$\boldsymbol{n} = \{f(x_0,y_0), f(x_0,y_0), -1\},$$

切平面方程为

$$f_x(x_0,y_0)(x-x_0) + f_y(x_0,y_0)(y-y_0) - (z-z_0) = 0 \qquad\qquad (9\text{-}23)$$

而法线方程为

$$\frac{x-x_0}{f_x(x_0,y_0)} = \frac{y-y_0}{f_y(x_0,y_0)} = \frac{z-z_0}{-1}.$$

这里顺便指出,方程(9-23)右端恰好是函数 $z = (x,y)$ 在点 (x_0,y_0) 的全微分,而左端是切平面上点的竖坐标的增量.因此,函数 $z = (x,y)$ 在点 (x_0,y_0) 的全微分,在几何上表示曲面 $z = (x,y)$ 在点 (x_0,y_0,z_0) 处的切平面上点的竖坐标的增量.

【例 2】　求旋转抛物面 $z = x^2 + y^2 - 1$ 在点 $(2,1,4)$ 处的切平面及法线方程.

解　因为 $z = f(x,y) = x^2 + y^2 - 1$,所以切平面的法向量为

$$\boldsymbol{n} = \{2x, 2y, -1\}, \ \boldsymbol{n}\,|_{(2,1,4)} = \{4, 2, -1\},$$

所以在点 $(2,1,4)$ 处的切平面方程为

$$4(x-2) + 2(y-1) - (z-4) = 0,$$

即 $\qquad\qquad\qquad\qquad 4x + 2y - z - 6 = 0.$

法线方程为

$$\frac{x-2}{4} = \frac{y-1}{2} = \frac{z-4}{-1}.$$

【例 3】　求曲面 $x^2 + 2y^2 + 3z^2 = 84$ 上平行于平面 $x + 4y + 6z = 8$ 的切平面方程及过切点的法线方程.

解　解此题的关键是求切点的坐标.设 $F(x,y,z) = x^2 + 2y^2 + 3z^2 - 84 = 0$ 的切点坐标为 (x_0,y_0,z_0),$F_x = 2x$,$F_y = 4y$,$F_z = 6z$.所以切平面的法向量为

$$\boldsymbol{a} = \{2x_0, 4y_0, 6z_0\},$$

由题意知,切平面与已知平面 $x + 4y + 6z = 8$ 平行,所以有

$$\frac{2x_0}{1} = \frac{4y_0}{4} = \frac{6z_0}{6} \qquad\qquad\qquad (9\text{-}24)$$

又由于点 (x_0,y_0,z_0) 在曲面上,所以

$$x_0^2 + 2y_0^2 + 3z_0^2 = 84 \qquad\qquad\qquad (9\text{-}25)$$

联立式(9-24)、(9-25)解之得 $x_0 = \pm 2, y_0 = \pm 4, z_0 = \pm 4$,从而得切点为 $(2,4,4)$ 及 $(-2,-4,-4)$.于是得过切点 $(2,4,4)$ 的切平面方程为 $(x-2) + 4(y-4) + 6(z-4) = 0$,即 $x + 4y + 6z - 42 = 0$,法线方程为 $\dfrac{x-2}{1} = \dfrac{y-4}{4} = \dfrac{z-4}{6}$,过切点 $(-2,-4,-4)$ 的切平面方程为 $(x+2) + 4(y+4) + 6(z+4) = 0$,即 $x + 4y + 6z + 42 = 0$,

法线方程为 $\dfrac{x+2}{1}=\dfrac{y+4}{4}=\dfrac{z+4}{6}$.

▶▶▶▶ 习题 9.5 ◀◀◀◀

1. 选择题：

(1) 螺旋线 $\begin{cases} x=a\cos t \\ y=a\sin t \\ z=bt \end{cases}$ 在 $t_0=\dfrac{\pi}{3}$ 处的切线方程为（　　）.

A. $\dfrac{x-\frac{a}{2}}{-\frac{\sqrt{3}}{2}a}=\dfrac{y-\frac{\sqrt{3}}{2}a}{\frac{a}{2}}=\dfrac{z-\frac{\pi}{3}b}{b}$

B. $-\dfrac{\sqrt{3}}{2}a(x-\dfrac{a}{2})+\dfrac{a}{2}(y-\dfrac{\sqrt{3}}{2}a)+b(z-\dfrac{\pi}{3}b)=0$

C. $\dfrac{x-\frac{a}{2}}{-\frac{\sqrt{3}}{2}a}=\dfrac{y-\frac{\sqrt{3}}{2}a}{-\frac{a}{2}}=\dfrac{z-\frac{\pi}{3}b}{b}$

D. $-\dfrac{\sqrt{3}}{2}a(x-\dfrac{a}{2})-\dfrac{a}{2}(y-\dfrac{\sqrt{3}}{2}a)+b(z-\dfrac{\pi}{3}b)=0$

(2) 曲线 $x=\sec t,y=\csc t,z=\sec t\csc t$ 在对应于 $t=\dfrac{\pi}{4}$ 点处的切线方程是（　　）.

A. $\dfrac{x-\sqrt{2}}{\sqrt{2}}=\dfrac{y-\sqrt{2}}{-\sqrt{2}}=z-2$　　B. $x-\sqrt{2}=\dfrac{y-\sqrt{2}}{-1}=\dfrac{z-2}{0}$

C. $\dfrac{x-\sqrt{2}}{\sqrt{2}}=\dfrac{y-\sqrt{2}}{\sqrt{2}}=z-2$　　D. $\dfrac{x-\sqrt{2}}{\sqrt{2}}=\dfrac{y-\sqrt{2}}{\sqrt{2}}=\dfrac{z-2}{0}$

(3) 曲线 $x=t,y=4\sqrt{t},z=t^2$ 在点 $(4,8,16)$ 处的法平面方程为（　　）.
A. $x-y-8z=-132$　　B. $x+y+8z=140$
C. $x-y+8z=124$　　D. $x+y-8z=116$

(4) 曲线 $x=\arctan t,y=\ln(1+t^2),z=-\dfrac{5}{4(1+t^2)}$ 在 P 点处的切线向量与三个坐标轴的夹角相等，则点 P 对应的 t 值为（　　）.
A. 0　　B. $\dfrac{\sqrt{5}}{2}$
C. $\dfrac{\sqrt{17}}{4}$　　D. $\dfrac{1}{2}$

2. 填空题：
(1) 曲面 $3x^2+5y^2-2z=2$ 在点 $(1,1,3)$ 处的法线方程为_____.

(2) 曲线 $\begin{cases} z^2 = 2 + x^2 + y^2 \\ x = 1 \end{cases}$ 在点 $(1, 2, \sqrt{7})$ 处的切线对 y 轴的斜率为 _____.

(3) 设曲线 $x = 2t + 1, y = 3t^2 - 1, z = t^3 + 2$ 在 $t = -1$ 对应点处的法平面为 S, 则点 $(-2, 4, 1)$ 到 S 的距离 $d =$ _____. (点 (x_0, y_0, z_0) 到平面 $Ax + By + Cz + D = 0$ 的距离公式为 $d = \dfrac{|Ax_0 + By_0 + Cz_0 + D|}{\sqrt{A^2 + B^2 + C^2}}$)

(4) 曲面 $\tan(x + 2y^2 + 3z^3) = 0$ 在点 $(1, -1, -1)$ 处的法线方程为 _____.

3. 求曲面 $x^3 - 2xy - xz^2 - y^2 z = 11$ 在点 $(3, 1, -2)$ 处的法线方程.

4. 求曲面 $z = \tan(x + 2y)$ 在点 $\left(\dfrac{\pi}{4}, \dfrac{\pi}{4}, -1\right)$ 处的切平面方程.

5. 设函数 $F(u, v)$ 具有一阶连续偏导数, 且 $F_u(0, 1) = 2, F_v(0, 1) = -3$, 求曲面 $F(x - y + z, xy - yz + zx) = 0$ 在点 $(2, 1, -1)$ 处的切平面方程.

*6. 在曲面 $x^2 - y^2 - z^2 + 6 = 0$ 上求一点, 使该点处的切平面垂直于直线 $\dfrac{x+2}{2} = \dfrac{y+1}{1} = \dfrac{z-5}{-3}$, 并求该切平面.

§9.6　多元函数的极值及最大值、最小值

在实际问题中, 往往会遇到多元函数的最大值、最小值问题. 与一元函数相类似, 多元函数的最大值、最小值与极大值、极小值有密切联系, 因此我们以二元函数为例, 来讨论多元函数的极值问题.

9.6.1　多元函数的极值

定义 9.10　设函数 $z = f(x, y)$ 在点 (x_0, y_0) 的某个邻域内有定义, 对于该邻域内异于 (x_0, y_0) 的点, 如果都适合不等式

$$f(x, y) \leqslant f(x_0, y_0),$$

则称函数在点 (x_0, y_0) 有**极大值** $f(x_0, y_0)$. 如果都适合不等式

$$f(x, y) \geqslant f(x_0, y_0),$$

则称函数在点 (x_0, y_0) 有**极小值** $f(x_0, y_0)$. 极大值、极小值统称为**极值**. 使函数取得极值的点称为极值点.

【例 1】　函数 $z = x^2 + y^2$ 在点 $(0, 0)$ 处有极小值, 这是因为对于点 $(0, 0)$ 的任一邻域内异于 $(0, 0)$ 的点, 函数值都为正, 而在点 $(0, 0)$ 处的函数值为零. 从几何上看这是显然的, 因为点 $(0, 0, 0)$ 是开口朝上的椭圆抛物面 $z = x^2 + y^2$ 的顶点.

【例 2】　函数 $z = x^2 - y^2$ 在点 $(0, 0)$ 处既不取得极大值也不取得极小值, 这是因为在点 $(0, 0)$ 处的函数值为零, 而在点 $(0, 0)$ 的任一邻域内, 总有使函数值为正的点, 也有使函数值为负的点.

二元函数的极值问题, 一般可以利用偏导数来解决. 下面两个定理就是这个问题的结论.

定理 9.11（必要条件） 设函数 $z = f(x,y)$ 在点 (x_0,y_0) 具有偏导数，且在点 (x_0,y_0) 处有极值，则它在该点的偏导数必然为零：

$$f_x(x_0,y_0) = 0, f_y(x_0,y_0) = 0.$$

证明 不妨设 $z = f(x,y)$ 在点 (x_0,y_0) 处有极小值. 依极小值的定义，在点 (x_0,y_0) 的某邻域内异于 (x_0,y_0) 的点都适合不等式

$$f(x,y) \geqslant f(x_0,y_0).$$

特殊地，在该邻域内取 $y = y_0$，而 $x \neq x_0$ 的点，也应适合不等式

$$f(x,y_0) \geqslant f(x_0,y_0),$$

这表明一元函数 $f(x,y_0)$ 在 $x = x_0$ 处取得极大值，因此必有

$$f_x(x_0,y_0) = 0.$$

类似地可证

$$f_y(x_0,y_0) = 0.$$

仿照一元函数，凡是能使 $f_x(x,y) = 0, f_y(x,y) = 0$ 同时成立的点 (x_0,y_0) 称为函数 $z = f(x,y)$ 的**驻点**，从定理 9.11 可知，具有偏导数的函数的极值点必定是驻点. 但是函数的驻点不一定是极值点，例如，点 $(0,0)$ 是函数 $z = xy$ 的驻点，但是函数在该点并无极值.

怎样判定一个驻点是否是极值点呢？下面的定理回答了这个问题.

定理 9.12（充分条件） 设函数 $z = f(x,y)$ 在点 (x_0,y_0) 的某邻域内连续且有一阶及二阶连续偏导数，又 $f_x(x_0,y_0) = 0, f_y(x_0,y_0) = 0$，令

$$f_{xx}(x_0,y_0) = A, f_{xy}(x_0,y_0) = B, f_{yy}(x_0,y_0) = C,$$

则 $f(x,y)$ 在 (x_0,y_0) 处是否取得极值的条件如下：

(1) 当 $AC - B^2 > 0$ 时 $f(x,y)$ 具有极值，且当 $A < 0$（或 $C < 0$）时，有极大值 $f(x_0,y_0)$，当 $A > 0$（或 $C > 0$）时，有极小值 $f(x_0,y_0)$；

(2) 当 $AC - B^2 < 0$ 时，(x_0,y_0) 不是极值点；

(3) 当 $AC - B^2 = 0$ 时，还不能判断 (x_0,y_0) 是否为极值点（可能是，也可能不是），还需另作讨论.

证明从略. 综上可得，具有二阶连续偏导数的函数 $z = f(x,y)$ 的极值的求法如下：

第一步 解方程组

$$f_x(x,y) = 0, f_y(x,y) = 0.$$

求得一切实数解，即可以得到一切驻点.

第二步 对于每一个驻点 (x_0,y_0)，求出二阶偏导数的值 A,B 和 C.

第三步 定出 $AC - B^2$ 的符号，按定理 9.12 的结论判定 (x_0,y_0) 是否极值，是极大值还是极小值.

【例3】 求函数 $f(x,y) = x^3 + y^3 - 3xy$ 的极值.

解 先解方程组 $\begin{cases} f_x(x,y) = 3x^2 - 3y = 0 \\ f_y(x,y) = 3y^2 - 3x = 0 \end{cases}$，求得驻点为 $(0,0)$、$(1,0)$. 再求出二阶偏导数 $f_{xx}(x,y) = 6x, f_{xy}(x,y) = -3, f_{yy}(x,y) = 6y$.

在点 $(0,0)$ 处，$AC - B^2 = -9 < 0$，所以 $(0,0)$ 不是极值点，这是因为

$$A = f_{xx}(0,0) = 0, B = f_{xy}(0,0) = -3, C = f_{yy}(0,0) = 0.$$

在点 $(1,1)$ 处，$AC - B^2 = 27 > 0$，又 $A > 0$，所以 $(1,1)$ 是极小值点，极小值为 $f(1,1)$

$=-1$,这是因为 $A=f_{xx}(1,1)=6,B=f_{xy}(1,1)=-3,C=f_{yy}(1,1)=6$.

【例 4】　求函数 $f(x,y)=\mathrm{e}^{x-y}(x^2-2y^2)$ 的极值.

解　（1）求驻点

由
$$\begin{cases} f_x(x,y)=\mathrm{e}^{x-y}(x^2-2y^2)+2x\mathrm{e}^{x-y}=0 \\ f_y(x,y)=-\mathrm{e}^{x-y}(x^2-2y^2)-4y\mathrm{e}^{x-y}=0 \end{cases},$$

得两个驻点 $(0,0),(-4,-2)$.

（2）求 $f(x,y)$ 的二阶偏导数

$f_{xx}(x,y)=\mathrm{e}^{x-y}(x^2-2y^2+4x+2),f_{xy}(x,y)=\mathrm{e}^{x-y}(2y^2-x^2-2x-4y)$,

$f_{yy}(x,y)=\mathrm{e}^{x-y}(x^2-2y^2+8y-4)$.

（3）讨论驻点是否为极值点

在 $(0,0)$ 处,有 $A=2,B=0,C=-4,B^2-AC=8>0$,由极值的充分条件知 $(0,0)$ 不是极值点,$f(0,0)=0$ 不是函数的极值;

在 $(-4,-2)$ 处,有 $A=-6\mathrm{e}^{-2},B=8\mathrm{e}^{-2},C=-12\mathrm{e}^{-2},B^2-AC=-8\mathrm{e}^{-4}<0$,而 $A<0$,由极值的充分条件知 $(-4,-2)$ 为极大值点,$f(-4,-2)=8\mathrm{e}^{-2}$ 是函数的极大值.

9.6.2　最大值与最小值

在实际问题中,有许多最优化问题要求目标函数的最大值与最小值. 与一元函数相类似,我们可以利用函数的极值来求函数的最大值和最小值. 如果 $f(x,y)$ 在有界闭区域 D 上连续,则 $f(x,y)$ 在 D 上必定能取得最大值和最小值. 这种使函数取得最大值或最小值的点既可能在 D 的内部,也可能在 D 的边界上. 如果函数在 D 的内部取得最大值（最小值）,那么这个最大值（最小值）也是函数的极大值（极小值）,最大值点或最小值点必为驻点或一阶偏导数不存在的点. 因此,求函数的最大值和最小值的一般方法是:将函数 $f(x,y)$ 在 D 内的所有驻点处的函数值、所有一阶偏导数不存在的点处的函数值及在 D 的边界上的最大值和最小值相互比较,其中最大者就是最大值,最小者就是最小值. 在实际问题中,求 $f(x,y)$ 在 D 的边界上的最大值和最小值往往相当复杂. 一般可根据问题的本身,知道函数 $f(x,y)$ 在 D 上的最大值（最小值）一定存在,又函数在 D 内只有一个驻点,则可肯定该驻点的函数值就是函数 $f(x,y)$ 在 D 上的最大值（最小值）.

【例 5】　设 D 是由 x 轴、y 轴及直线 $x+y=2\pi$ 所围成的三角形区域. 求函数 $u=\sin x+\sin y-\sin(x+y)$ 在 D 上的最大值.

解　由函数无偏导数不存在的点,解方程组 $\begin{cases} \dfrac{\partial u}{\partial x}=\cos x-\cos(x+y)=0 \\ \dfrac{\partial u}{\partial y}=\cos y-\cos(x+y)=0 \end{cases}$,解得

$x=\dfrac{2\pi}{3},y=\dfrac{2\pi}{3}$,而在边界 $x=0$ 或 $y=0$ 或 $x+y=2\pi$ 上,$u=0$.

因此 $\left(\dfrac{2\pi}{3},\dfrac{2\pi}{3}\right)$ 是唯一的可疑点,所以 $u\left(\dfrac{2\pi}{3},\dfrac{2\pi}{3}\right)=\dfrac{3\sqrt{3}}{2}$ 为最大值.

9.6.3　条件极值的拉格朗日乘数法

如果函数的自变量除了限定在定义域内以外,再也没有其他限制,这种极值问题称为无

条件极值. 但在实际问题中,自变量经常会受到某些条件的约束,这种对自变量有约束条件的极值问题称为**条件极值**,或约束最优化. 例如,求在约束条件 $x+y+z=a$ 下 $u=x^2+y^2+z^2$ 的最小值. 这种对自变量有附加条件的极值称为**条件极值**. 对于有些实际问题,可以把条件极值化为无条件极值,然后利用求无条件极值的方法加以解决. 例如上述问题可由条件 $x+y+z=a$,将 z 表示成 x,y 的函数

$$z=a-x-y.$$

再把它代入 $u=x^2+y^2+z^2$ 中,于是问题就化为求

$$u=x^2+y^2+(a-x-y)^2$$

的无条件极值. 但在很多情形下,将条件极值化为无条件极值并不这么简单. 我们另有一种直接寻求条件极值的方法,可以不必先把问题化到无条件极值的问题,这就是下面要介绍的拉格朗日乘数法.

现在我们来求函数

$$z=f(x,y) \tag{9-26}$$

在条件

$$\phi(x,y)=0 \tag{9-27}$$

下取得极值的必要条件.

如果函数(9-26)在 (x_0,y_0) 取得所求的极值,那么首先有

$$\phi(x_0,y_0)=0 \tag{9-28}$$

我们假定在 (x_0,y_0) 的某一邻域内 $f(x,y)$ 与 $\phi(x,y)$ 均有连续的一阶偏导数,而 $\phi_y(x_0,y_0)\neq 0$. 由隐函数存在定理可知,方程(9-27)确定一个单值可导且具有连续导数的函数 $y=\psi(x)$,将其代入(9-26)式,结果得到一个变量为 x 的函数

$$z=f[x,\psi(x)] \tag{9-29}$$

于是函数(9-26)在 (x_0,y_0) 取得所求的极值,也就是相当于函数(9-29)在 $x=x_0$ 取得极值. 由一元可导函数取得极值的必要条件知

$$\left.\frac{\mathrm{d}z}{\mathrm{d}x}\right|_{x=x_0}=f_x(x_0,y_0)+f_y(x_0,y_0)\left.\frac{\mathrm{d}y}{\mathrm{d}x}\right|_{x=x_0}=0 \tag{9-30}$$

而由式(9-27)用隐函数求导公式,有

$$\left.\frac{\mathrm{d}y}{\mathrm{d}x}\right|_{x=x_0}=-\frac{\phi_x(x_0,y_0)}{\phi_y(x_0,y_0)}.$$

把上式代入(9-30)式,得

$$f_x(x_0,y_0)-f_y(x_0,y_0)\frac{\varphi_x(x_0,y_0)}{\varphi_y(x_0,y_0)}=0 \tag{9-31}$$

(9-28)和(9-31)两式就是函数(9-26)在条件(9-27)下在 (x_0,y_0) 取得极值的必要条件.

设 $\frac{f_y(x_0,y_0)}{\phi_y(x_0,y_0)}=-\lambda$,上述必要条件就变为

$$\begin{cases} f_x(x_0,y_0)+\lambda\phi_x(x_0,y_0)=0 \\ f_0(x_0,y_0)+\lambda\phi_y(x_0,y_0)=0 \\ \phi(x_0,y_0)=0 \end{cases} \tag{9-32}$$

容易看出,式(9-32)中的前两式的左端正是函数 $F(x,y)=f(x,y)+\lambda\phi(x,y)$ 的两个一阶

偏导数在 (x_0, y_0) 的值,其中 λ 是一个待定常数.

由以上讨论,我们得到以下结论:

拉格朗日乘数法　要找二元函数 $z = f(x, y)$ 在附加条件 $\phi(x, y) = 0$ 下的可能极值点,可以先构造辅助函数

$$F(x, y, \lambda) = f(x, y) + \lambda\phi(x, y),$$

其中 λ 为某一常数.求其对 x 与 y 的一阶偏导数,并使之为零,然后与方程(9-27)联立

$$\begin{cases} f_x(x, y) + \lambda\phi_x(x, y) = 0 \\ f_y(x, y) + \lambda\phi_y(x, y) = 0 \\ \phi(x, y) = 0 \end{cases} \tag{9-33}$$

由此方程组解出 x, y 及 λ,则其中 x, y 就是函数 $f(x, y)$ 在附加条件下 $\phi(x, y) = 0$ 的可能极值点的坐标.

这种方法可推广到求三元函数 $u = f(x, y, z)$ 在附加条件 $\varphi(x, y, z) = 0$ 下的可能极值点.至于如何确定所求得的点是否极值点,有时可根据实际问题确定.一般地,设函数 $F(x, y, z)$ 在点处 $\mathrm{d}F(x_0, y_0, z_0) = 0$.若 $\mathrm{d}^2F(x_0, y_0, z_0) < 0$,则函数在 (x_0, y_0, z_0) 处取得极大值;若 $\mathrm{d}^2F(x_0, y_0, z_0) > 0$,则函数在 (x_0, y_0, z_0) 处取得极小值;其他情况则不能确定是否有极值.

【例 6】　求表面积为 a^2 而体积为最大的长方体的体积.

解　设长方体的三棱长为 x, y, z,则问题就是在条件

$$\psi(x, y, z, t) = 2xy + 2yz + 2xz - a^2 = 0$$

下,求函数 $V = xyz \, (x > 0, y > 0, z > 0)$ 的最大值.构造辅助函数

$$F(x, y, z) = xyz + \lambda(2xy + 2yz + 2xz - a^2)$$

求其对 x, y, z 的偏导数,并使之为零,得到

$$\begin{cases} yz + 2(y + z) = 0, \\ xz + 2(x + z) = 0, \\ xy + 2(y + z) = 0, \end{cases}$$

注意到 x, y, z 都不等于零,所以可得

$$\frac{x}{y} = \frac{x + z}{y + z}, \quad \frac{y}{z} = \frac{x + y}{x + z},$$

由以上两式解得 $x = y = 3$,由此得 $x = y = z = \dfrac{\sqrt{6}}{6}a$,这是唯一可能的极值点,因为由问题本身一定存在最大值,所以最大值就在 $x = y = z = \dfrac{\sqrt{6}}{6}a$ 处取得.也就是说,表面积为 a^2 的长方体中,以棱长为 $\dfrac{\sqrt{6}}{6}a$ 的正方体的体积为最大,最大体积 $V = \dfrac{\sqrt{6}}{36}a^3$.

【例 7】　某公司要用不锈钢板做成一个体积为 8m^3 的有盖长方体水箱.问水箱的长、宽、高如何设计,才能使用料最省?

解一　用条件极值求问题的解.

设长方体的长、宽、高分别为 x, y, z.依题意,有

$$xyz = 8, \quad S = 2(xy + yz + zx).$$

令 $F(x,y,z,\lambda) = 2(xy + yz + zx) + \lambda(xyz - 8)$,

由 $\begin{cases} F_x = 2(y+z) + \lambda yz = 0 \\ F_y = 2(x+z) + \lambda xz = 0 \\ F_z = 2(y+x) + \lambda xy = 0 \\ F_\lambda = xyz - 8 = 0 \end{cases}$, 解得驻点为 $(2,2,2)$.

根据实际问题最小值一定存在, 且驻点唯一. 因此, 当水箱的长、宽、高分别为 2cm 时, 才能使用料最省.

解二　将条件极值转化为无条件极值.

设长方体的长、宽、高分别为 x,y,z. 依题意, 有
$$xyz = 8, \quad S = 2(xy + yz + zx).$$

消去 z, 得面积函数 $S = 2\left(xy + \dfrac{8}{x} + \dfrac{8}{y}\right), x > 0, y > 0, xy \leqslant 8$.

由 $\begin{cases} S_x = 2\left(y - \dfrac{8}{x^2}\right) = 0 \\ S_y = 2\left(x - \dfrac{8}{y^2}\right) = 0 \end{cases}$, 解得驻点为 $(2,2)$.

根据实际问题最小值一定存在, 且驻点唯一. 因此, $(2,2)$ 为 $S(x,y)$ 的最小值点, 即当水箱的长、宽、高分别为 2cm 时, 才能使用料最省.

【例 8】　求函数 $z = x^2 + y^2$ 在条件 $\dfrac{x}{a} + \dfrac{y}{b} = 1$ 下的极值.

解　本题是条件极值问题, 用拉格朗日乘数法. 设函数为
$$F(x,y,\lambda) = x^2 + y^2 + \lambda\left(\frac{x}{a} + \frac{y}{b} - 1\right)$$

$$\begin{cases} F_x = 2x + \dfrac{\lambda}{a} = 0 \\ F_y = 2y + \dfrac{\lambda}{b} = 0, \\ \dfrac{\lambda}{a} + \dfrac{\lambda}{b} = 1 \end{cases}$$

解得 $ax = by = -\dfrac{\lambda}{2} = \dfrac{a^2 b^2}{a^2 + b^2}$, 故得驻点 $x = \dfrac{ab^2}{a^2 + b^2}, y = \dfrac{a^2 b}{a^2 + b^2}$.

又 $F_{xx} = F_{yy} = 2, F_{xy} = 0$,

所以 $\mathrm{d}^2 F = \dfrac{\partial^2 F}{\partial x^2}\mathrm{d}x^2 + \dfrac{\partial^2 F}{\partial y^2}\mathrm{d}y^2 + 2\dfrac{\partial^2 F}{\partial x \partial y}\mathrm{d}x\mathrm{d}y = 2(\mathrm{d}x^2 + \mathrm{d}y^2) > 0.$

故 $x_0 = \dfrac{ab^2}{a^2 + b^2}, y_0 = \dfrac{a^2 b}{a^2 + b^2}$ 是极小值点, 极小值 $z = x_0^2 + y_0^2 = \dfrac{a^2 b^2}{a^2 + b^2}$.

【结束语】　多元函数是一元函数的简单推广. 二元函数的连续性、偏导数、微分形式与一元函数的连续性、偏导数、微分形式有很大不同. 比如, 二元函数在一点偏导数存在未必说明该二元函数在这一点连续.

与一元函数的导数求法一样, 求二元函数的偏导数可以是"利用定义", "先代后求"或"先求后代". 特别注意, 当混合偏导数连续时, 求二阶混合偏导数与求导顺序无关, 即 $\dfrac{\partial^2 z}{\partial y \partial x}$

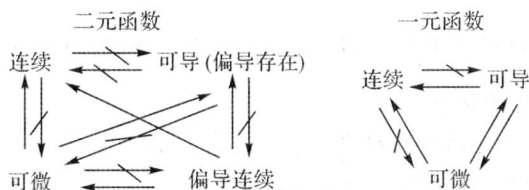

$= \dfrac{\partial^2 z}{\partial x \partial y}$. 此外,以一元函数极值和拉格朗日乘数法求条件极值的方法为基础,可以讨论多元函数的最值问题和实际问题.

▶▶▶▶ 习题 9.6 ◀◀◀◀

1. 求函数 $z = x(x^2 + 2xy + 4y)$ 在闭区域 $D = \{(x,y) \mid -3 \leqslant x \leqslant 1, -1 \leqslant y \leqslant 1\}$ 上的最小值、最大值.

2. 求函数 $f(x,y) = x^2 + y^2 + 2xy - 2x$ 在区域 $x^2 + y^2 \leqslant 1$ 上的最大值、最小值.

3. 求斜边为 a 而且周长最大的直角三角形的两直角边.

4. 求函数 $f(x,y,z) = xyz$ 在 $x + y + z = 0$ 条件下的极值.

5. 求函数 $z = xy$ 在附加条件 $x + y = 1$ 下的极大值.

*6. 求内接于半径 a 的球的正方体的最大体积.(提示:所求正方体体积8倍于在第一象限内球的内接长方体体积)

高数小知识

黑塞矩阵和多元函数极值

黑塞矩阵(Hessian matrix),又译作海森矩阵、海瑟矩阵、海塞矩阵等,是一个多元函数的二阶偏导数构成的方阵,描述了函数的局部曲率.黑塞矩阵最早于 19 世纪由德国数学家 Ludwig Otto Hesse 提出,并以其名字命名.黑塞矩阵常用于牛顿法解决优化问题.

如果实值多元函数 $y = f(x_1, x_2, \cdots, x_n)$ 在定义域内具有一阶和二阶连续的偏导数,那么黑塞矩阵 $H(f)$ 定义为

$$H(f) = \begin{bmatrix} \dfrac{\partial^2 f}{\partial^2 x_1} & \dfrac{\partial^2 f}{\partial x_1 \partial x_2} & \cdots & \dfrac{\partial^2 f}{\partial x_1 \partial x_n} \\ \dfrac{\partial^2 f}{\partial x_2 \partial x_1} & \dfrac{\partial^2 f}{\partial^2 x_2} & \cdots & \dfrac{\partial^2 f}{\partial x_2 \partial x_n} \\ \vdots & \vdots & \ddots & \vdots \\ \dfrac{\partial^2 f}{\partial x_n \partial x_1} & \dfrac{\partial^2 f}{\partial x_n \partial x_2} & \cdots & \dfrac{\partial^2 f}{\partial^2 x_n} \end{bmatrix}.$$

因为如果函数 $y=f(x_1,x_2,\cdots,x_n)$ 连续,则二阶混合偏导数与求导次序无关,即 $\dfrac{\partial}{\partial x_i}\left(\dfrac{\partial f}{\partial x_j}\right)=\dfrac{\partial}{\partial x_j}\left(\dfrac{\partial f}{\partial x_i}\right)$,所以黑塞矩阵 $H(f)$ 是一个对称矩阵,也就是说,$H(f)$ 的第 j 行第 i 列元素与第 i 行第 j 列元素相等.

利用黑塞矩阵 $H(f)$,我们可求得实值多元函数 $y=f(x_1,x_2,\cdots,x_n)$ 的极值.首先对所有 x_i 求偏导,即得到如下 n 个方程的方程组:

$$\begin{cases} \dfrac{\partial f}{\partial x_1}=0 \\[2mm] \dfrac{\partial f}{\partial x_2}=0 \\[1mm] \quad\vdots \\[1mm] \dfrac{\partial f}{\partial x_n}=0 \end{cases} \qquad (*)$$

解这 n 个方程的方程组得驻点 $M_i(i=1,2,\cdots,k)$(假设存在 k 个驻点)),每个驻点是一个 n 元数组,即长度为 n 的一维向量.不妨设某个驻点 $M=(a_1,a_2,\cdots,a_n)$,将 $x_1=a_1,x_2=a_2,\cdots,x_n=a_n$ 代入黑塞矩阵,我们就可以判断这个驻点是否为极值的 3 种情况了,结论如下:

(1) 若 $H(f)$ 正定,则在条件 $(*)$ 下,$f(x_1,x_2,\cdots,x_n)$ 在点 M 处取得极小值;

(2) 若 $H(f)$ 负定,则在条件 $(*)$ 下,$f(x_1,x_2,\cdots,x_n)$ 在点 M 处取得极大值;

(3) 若 $H(f)$ 不定,则在条件 $(*)$ 下,$f(x_1,x_2,\cdots,x_n)$ 在点 M 处无条件极值.

【注意】n 行 n 列矩阵的正定性暂不作讨论,而两行两列的矩阵指由某 4 个数 a,b,c,d 构成的一个数表,可记为 $\begin{pmatrix} a & b \\ c & d \end{pmatrix}$.我们说 $\begin{pmatrix} a & b \\ c & d \end{pmatrix}$ 对称是指 a,b,c,d 满足 $b=c$;$\begin{pmatrix} a & b \\ c & d \end{pmatrix}$ 正定是指 a,b,c,d 满足 $a>0,ad-bc>0$.

【例】 求函数 $f(x_1,x_2)=x^2+y^2-3$ 在 $y=1+x$ 条件下的极值.

解 构造拉格朗日函数 $F(x_1,x_2)=x^2+y^2-3+\lambda(1+x-y)$,

解方程组 $\begin{cases} F'_x=2x+\lambda=0 \\ F'_y=2y-\lambda=0 \\ F'_\lambda=1+x-y=0 \end{cases}$, 得 $x=-\dfrac{1}{2},y=\dfrac{1}{2},\lambda=1$,下面判断

$M\left(-\dfrac{1}{2},\dfrac{1}{2}\right)$ 是否为极值点. 由 $F(x_1,x_2)=x^2+y^2+x-y-2$ 得

$$F'_x=2x+1,\ F'_y=2y-1,\ F''_{xx}=2,\ F''_{yy}=2,\ F''_{xy}=0,\ F''_{yx}=0.$$

矩阵 $H(F)=\begin{pmatrix} 2 & 0 \\ 0 & 2 \end{pmatrix}$ 正定,所以函数在点 $M\left(-\dfrac{1}{2},\dfrac{1}{2}\right)$ 处取得极小值,且极小值为

$f\left(-\dfrac{1}{2},\dfrac{1}{2}\right)=-\dfrac{5}{2}.$

第 10 章　　二重积分及其应用

前　言

二重积分是二元函数在空间上的积分,其几何背景是求曲顶柱体的体积.二重积分是多元函数积分学中的一部分,二重积分是建立其他多重积分(比如三重积分)的基础,也是联系其他多元函数积分学内容的中心环节.本质上,二重积分是一种特定形式和式的极限,它对于解决一类非均匀分布的量的累加问题很有效.在几何、物理和现实经济生活中,许多实际问题如求建筑物的容积、求曲面的面积等都可以归结为求二重积分问题.因此,二重积分在经济学、物理学及科学技术与工程问题中有着重要的应用.

这一章,我们将讨论二重积分的概念,二重积分的计算,以及二重积分的一些应用.如求曲顶柱体的体积、曲面的面积和物理学中的一些平面薄板的重心坐标、转动惯量以及对质点的引力等问题.此外,二重积分可用于求曲线积分、曲面积分,但本书不予讨论.

教学知识

1. 二重积分的概念,二重积分的性质,二重积分的中值定理;
2. 二重积分的(直角坐标、极坐标)计算方法;
3. 用二重积分求一些几何量与物理量(平面图形的面积、体积、重心、转动惯量、引力等).

重点难点

重点:二重积分的计算(直角坐标、极坐标);二重积分的几何应用及物理应用.

难点:利用极坐标计算二重积分;交换二重积分的积分次序;物理应用中的引力问题.

§10.1　二重积分的概念和性质

10.1.1　二重积分的概念

【案例1】　求曲顶柱体的体积

曲顶柱体:设有一立休(见图10-1-1),它的底是 xOy 面上的有界闭区域 D,它的侧面是以 D 的边界曲线为准线而母线平行于 z 轴的柱面,它的顶是曲面 $z = f(x,y)$,$f(x,y)$ 在有界闭区域 D 上连续,且 $f(x,y) \geqslant 0,(x,y) \in D$.

(1)将区域 D 任意分成 n 个小区域

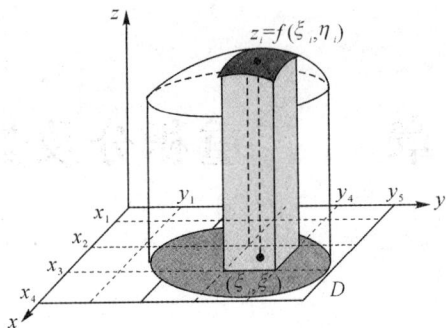

图 10-1-1

$$\Delta\sigma_1,\Delta\sigma_2,\cdots,\Delta\sigma_n,$$

且以 $\Delta\sigma_i$ 表示第 i 个小区域的面积,分别以这些小区域的边界曲线为准线,作母线平行于 z 轴的柱面,这些小柱面把曲顶柱体分成 n 个小曲顶柱体.以 ΔV_i 表示第 i 个小曲顶柱体的体积.曲顶柱体的体积为

$$V = \sum_{i=1}^{n} \Delta V_i.$$

(2) 在每个小区域 $\Delta\sigma_i(i=1,2,\cdots,n)$ 上任意取一点 (ξ_i,η_i),由于 $f(x,y)$ 连续,对于同一个小区域来说,函数值的变化不大.因此,可以将小曲顶柱体近似地看作小平顶柱体,于是作乘积 $f(\xi_i,\eta_i)\cdot\Delta\sigma_i(i=1,2,\cdots,n)$(以不变之高代替变高,求 ΔV_i 的近似值),则

$$\Delta V_i \approx f(\xi_i,\eta_i)\cdot\Delta\sigma_i(i=1,2,\cdots,n).$$

作和式,为 $\sum_{i=1}^{n} f(\xi_i,\eta_i)\cdot\Delta\sigma_i.$

(3) 用 d_i 表示第 i 个小区域的直径,记 $\lambda = \max\{d_1,d_2,\cdots,d_n\}$,当 $\lambda\to 0$ 时,和式 $\sum_{i=1}^{n} f(\xi_i,\eta_i)\cdot\Delta\sigma_i$ 的极限就定义为曲顶柱体的体积,即

$$V = \lim_{\lambda\to 0}\sum_{i=1}^{n} f(\xi_i,\eta_i)\cdot\Delta\sigma_i.$$

【案例 2】 平面薄片的质量

如图 10-1-2 所示,设有一平面薄片占有 xOy 面上的区域 D,它在 (x,y) 处的面密度为 $\mu(x,y)$,这里 $\mu(x,y)>0$,而且 $\mu(x,y)$ 在 D 上连续,现计算该平面薄片的质量 M.

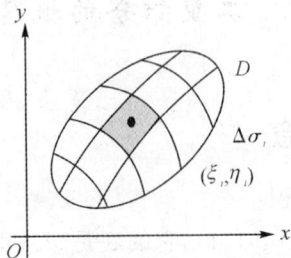

图 10-1-2

将 D 分成 n 个小区域 $\Delta\sigma_1, \Delta\sigma_2, \cdots, \Delta\sigma_n$，用 d_i 表示第 i 个小区域的直径，记 $\lambda = \max\{d_1, d_2, \cdots, d_n\}$，且以 $\Delta\sigma_i$ 表示第 i 个小区域的面积. 当 $\lambda = \max\{d_1, d_2, \cdots, d_n\}$ 很小时，由于 $\mu(x, y)$ 连续，每小片区域的质量可近似地看作是均匀的，那么第 i 小块区域的近似质量可取为 $\mu(\xi_i, \eta_i) \cdot \Delta\sigma_i$，和式 $\sum\limits_{i=1}^{n} \mu(\xi_i, \eta_i) \cdot \Delta\sigma_i$ 的极限就为平面薄片的质量，即

$$M = \lim_{\lambda \to 0} \sum_{i=1}^{n} \mu(\xi_i, \eta_i) \cdot \Delta\sigma_i.$$

两种实际意义完全不同的问题，最终都归结同一形式的极限问题. 因此，有必要撇开这类极限问题的实际背景，给出一个更广泛、更抽象的数学概念 —— 二重积分.

10.1.2　二重积分的定义和在直角坐标系中的表示

定义 10.1　设 $f(x, y)$ 是有界闭区域 D 上的有界函数. 将区域 D 任意分成 n 个小区域，$\Delta\sigma_1, \Delta\sigma_2, \cdots, \Delta\sigma_n$，且以 $\Delta\sigma_i$ 表示第 i 个小区域的面积，在每个小区域 $\Delta\sigma_i (i = 1, 2, \cdots, n)$ 上任意取一点 (x_i, y_i)，作乘积 $f(x_i, y_i) \cdot \Delta\sigma_i (i = 1, 2, \cdots, n)$，并作和式 $\sum\limits_{i=1}^{n} f(x_i, y_i) \cdot \Delta\sigma_i$. 用 d_i 表示第 i 个小区域的直径，记 $\lambda = \max\{d_1, d_2, \cdots, d_n\}$，如果无论对 D 怎样分法，也无论点 (x_i, y_i) 怎样取法，只要当 $\lambda \to 0$ 时，和式 $\sum\limits_{i=1}^{n} f(x_i, y_i) \cdot \Delta\sigma_i$ 的极限总存在，则称此极限为 $f(x, y)$ 在 D 上的二重积分，记作 $\iint\limits_{D} f(x, y) \mathrm{d}\sigma$，即

$$\iint\limits_{D} f(x, y) \mathrm{d}\sigma = \lim_{\lambda \to 0} \sum_{i=1}^{n} f(x_i, y_i) \cdot \Delta\sigma_i,$$

其中 $f(x, y)$ 叫作被积函数，$f(x, y)\mathrm{d}\sigma$ 叫作被积表达式，x 与 y 叫作积分变量，D 叫作积分区域，$\sum\limits_{i=1}^{n} f(x_i, y_i) \cdot \Delta\sigma_i$ 叫作积分和，$\mathrm{d}\sigma$ 叫作面积元素.

【注意】

(1) $\lim\limits_{\lambda \to 0} \sum\limits_{i=1}^{n} f(x_i, y_i) \cdot \Delta\sigma_i$ 存在时，其极限 I 与 D 的分法、点 (x_i, y_i) 的取法无关；

(2) $\lim\limits_{\lambda \to 0} \sum\limits_{i=1}^{n} f(x_i, y_i) \cdot \Delta\sigma_i$ 存在时，其极限 I 与积分变量 x, y 无关.

如果在直角坐标系中用平行于坐标轴的直线网来划分 D，那么除了包含边界点的一些小闭区域外，其余的小闭区域都是矩形闭区域. 设矩形闭区域 $\Delta\sigma_i$ 的边长为 Δx_i 和 Δy_i，则 $\Delta\sigma_i = \Delta x_i \Delta y_i$. 在直角坐标系中，有时也把面积元素 $\mathrm{d}\sigma$ 记作 $\mathrm{d}x\mathrm{d}y$. 因此，二重积分在直角坐标系中可表示为

$$\iint\limits_{D} f(x, y) \mathrm{d}\sigma = \iint\limits_{D} f(x, y) \mathrm{d}x\mathrm{d}y,$$

其中 $\mathrm{d}x\mathrm{d}y$ 叫作直角坐标系中面积元素.

【二重积分的存在性】　当 $f(x, y)$ 在闭区域 D 上连续时，积分和的极限是存在的，也就是说函数 $f(x, y)$ 在 D 上的二重积分必定存在. 我们总假定函数 $f(x, y)$ 在闭区域 D 上连续，所以 $f(x, y)$ 在 D 上的二重积分都是存在的.

【二重积分的几何意义】 如果 $f(x,y) \geqslant 0((x,y) \in D)$，被积函数 $f(x,y)$ 可解释为曲顶柱体在点 (x,y) 处的竖坐标，所以二重积分的几何意义就是柱体的体积. 如果 $f(x,y)$ 是负的，柱体就在 xOy 面的下方，二重积分的绝对值仍等于柱体的体积，但二重积分的值是负的.

10.1.3 二重积分的性质

性质 1 常数因子可以提到积分号前，即

$$\iint\limits_{D} kf(x,y)\mathrm{d}\sigma = k\iint\limits_{D} f(x,y)\mathrm{d}\sigma.$$

性质 2 代数和的积分等于积分的代数和，即

$$\iint\limits_{D} [f(x,y) \pm g(x,y)]\mathrm{d}\sigma = \iint\limits_{D} f(x,y)\mathrm{d}\sigma \pm \iint\limits_{D} g(x,y)\mathrm{d}\sigma.$$

性质 3（对于区域的可加性） 如果积分区域 D 分成两个区域，则

$$\iint\limits_{D} f(x,y)\mathrm{d}\sigma = \iint\limits_{D_1} f(x,y)\mathrm{d}\sigma + \iint\limits_{D_2} f(x,y)\mathrm{d}\sigma.$$

性质 4 如果 $f(x,y) \leqslant g(x,y), (x,y) \in D$，则

$$\iint\limits_{D} f(x,y)\mathrm{d}\sigma \leqslant \iint\limits_{D} g(x,y)\mathrm{d}\sigma.$$

性质 5 如果 $f(x,y) = 1, (x,y) \in D$，则

$$\iint\limits_{D} f(x,y)\mathrm{d}\sigma = A,$$

其中 A 为 D 的面积.

性质 6 如果 $f(x,y)$ 在 D 上的最大值与最小值分别为 M 与 m，则

$$mA \leqslant \iint\limits_{D} f(x,y)\mathrm{d}\sigma \leqslant MA.$$

性质 7（积分中值定理） 如果 $f(x,y)$ 在 D 上连续，则在 D 上至少存在一点 $(\xi, \eta) \in D$ 使得

$$\iint\limits_{D} f(x,y)\mathrm{d}\sigma = f(\xi, \eta)A$$

成立.

▶▶▶▶ 习题 10.1 ◀◀◀◀

1. 选择题：

(1) 设 D 是由直线 $x = 0, y = 0, x + y = 3, x + y = 5$ 所围成的闭区域，

记：$I_1 = \iint\limits_{D} \ln(x+y)\mathrm{d}\sigma, I_2 = \iint\limits_{D} \ln^2(x+y)\mathrm{d}\sigma$，则（ ）.

A. $I_1 < I_2$ B. $I_1 > I_2$

C. $I_2 = 2I_1$ D. 无法比较

(2) 设 D 是由 x 轴和 $y = \sin x$ $(x \in [0, \pi])$ 所围成,则积分 $\iint\limits_{D} y \mathrm{d}\sigma = ($　　$)$.

A. $\dfrac{\pi}{6}$　　　　B. $\dfrac{\pi}{4}$　　　　C. $\dfrac{\pi}{3}$　　　　D. $\dfrac{\pi}{2}$

(3) 设 D 是第二象限内的一个有界闭区域,且 $0 < y < 1$,记 $I_1 = \iint\limits_{D} xy \mathrm{d}x\mathrm{d}y$, $I_2 = \iint\limits_{D} y^2 x \mathrm{d}x\mathrm{d}y$, $I_3 = \iint\limits_{D} xy^{\frac{1}{2}} \mathrm{d}x\mathrm{d}y$,则 I_1, I_2, I_3 的大小顺序为($　　$).

A. $I_1 \leqslant I_2 \leqslant I_3$　　B. $I_2 \leqslant I_1 \leqslant I_3$　　C. $I_3 \leqslant I_1 \leqslant I_2$　　D. $I_3 \leqslant I_2 \leqslant I_1$

(4) 设 D 是由 $1 \leqslant x^2 + y^2 \leqslant 4$ 所确定的平面区域,则二重积分 $\iint\limits_{D} \mathrm{d}x\mathrm{d}y$ 等于($　　$).

A. π　　　　B. 3π　　　　C. 4π　　　　D. 15π

2. 填空题:

(1) 设 D 是由直线 $y = x$, $y = \dfrac{1}{2}x$, $y = 2$ 所围成的区域,则 $\iint\limits_{D} \mathrm{d}x\mathrm{d}y = $ _____ .

(2) 设 $D: 0 \leqslant y \leqslant \sqrt{a^2 - x^2}$, $0 \leqslant x \leqslant a$,由二重积分的几何意义知 $\iint\limits_{D} \sqrt{a^2 - x^2 - y^2} \mathrm{d}x\mathrm{d}y$ = _____ .

(3) 曲顶柱体 Ω 由曲面 $x^2 + y^2 = ax$, $\sqrt{a^2 - r^2 - y^2} = z$, $(a > 0)$, $z = 0$ 围成,则 Ω 的体积为 _____ .

(4) 设 $D = \{(x, y) \mid 0 \leqslant x \leqslant 1, 0 \leqslant y \leqslant 1\}$,试利用二重积分的性质估计 $I = \iint\limits_{D} xy(x + y) \mathrm{d}\sigma$ 的值,则 _____ .

3. 求函数 $f(x, y) = \sin^2 x \sin^2 y$ 在正方形:$0 \leqslant x \leqslant \pi$, $0 \leqslant y \leqslant \pi$ 内的平均值.

4. 试用二重积分的性质证明不等式:$1 \leqslant \iint\limits_{D} (\sin x^2 + \cos y^2) \mathrm{d}\sigma \leqslant \sqrt{2}$,其中 $D: 0 \leqslant x \leqslant 1, 0 \leqslant y \leqslant 1$.

§10.2　二重积分的计算方法

利用二重积分的定义来计算二重积分显然是不实际的,二重积分的计算是通过两个定积分的计算(即二次积分)来实现的.当积分区域是圆形区域、扇形区域、圆环区域,并且被积函数中含有 $\dfrac{y}{x}$ 及 $x^2 + y^2$ 的表达式时,用极坐标计算二重积分比较简单.

10.2.1　利用直角坐标计算二重积分

1. 设积分区域 D 可表示为
$$D = \{(x, y) \mid \varphi_1(x) \leqslant y \leqslant \varphi_2(x), a \leqslant x \leqslant b\},$$
其中 $\varphi_1(x)$, $\varphi_2(x)$ 在 $[a, b]$ 上连续. 如图 10-2-1 所示.

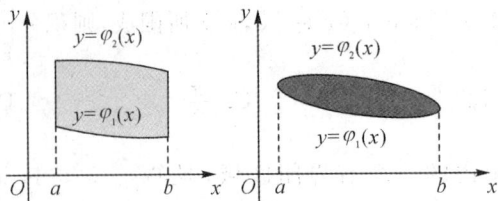

图 10-2-1

此类区域的特点为:用平行于 y 轴的直线穿过区域 D 的内部时与 D 的边界曲线相交恰好有两个交点(两个交点允许重合),称为 X- 型区域. 则

$$\iint\limits_{D} f(x,y)\mathrm{d}\sigma = \int_a^b \left[\int_{\varphi_1(x)}^{\varphi_2(x)} f(x,y)\mathrm{d}y \right]\mathrm{d}x \tag{10-1}$$

【原因分析】 据二重积分的几何意义可知,$\iint\limits_{D} f(x,y)\mathrm{d}\sigma$ 的值等于以 D 为底、以曲面 $z = f(x,y)$ 为顶的曲顶柱体的体积.

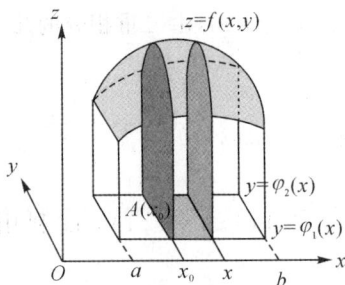

图 10-2-2

如图 10-2-2 所示,在区间 $[a,b]$ 上任意取定一个点 x_0,作平行于 yOz 面的平面 $x = x_0$,此平面截曲顶柱体所得截面是一个以区间 $[\varphi_1(x_0),\varphi_2(x_0)]$ 为底,曲线 $z = f(x_0,y)$ 为曲边的曲边梯形,其面积为

$$A(x_0) = \int_{\varphi_1(x_0)}^{\varphi_2(x_0)} f(x_0,y)\mathrm{d}y.$$

一般地,过区间 $[a,b]$ 上任一点 x 且平行于 yOz 面的平面截曲顶柱体所得截面的面积为

$$A(x) = \int_{\varphi_1(x)}^{\varphi_2(x)} f(x,y)\mathrm{d}y.$$

利用计算平行截面面积为已知的立体之体积的方法,该曲顶柱体的体积为

$$V = \int_a^b A(x)\mathrm{d}x = \int_a^b \left[\int_{\varphi_1(x)}^{\varphi_2(x)} f(x,y)\mathrm{d}y \right]\mathrm{d}x,$$

从而有

$$\iint\limits_{D} f(x,y)\mathrm{d}\sigma = \int_a^b \left[\int_{\varphi_1(x)}^{\varphi_2(x)} f(x,y)\mathrm{d}y \right]\mathrm{d}x.$$

上述积分叫作先对 y,后对 x 的二次积分,即先把 x 看作常数,$z = f(x,y)$ 只看作 y 的

函数，对 $z = f(x,y)$ 计算从 $\varphi_1(x)$ 到 $\varphi_2(x)$ 的定积分，然后把所得的结果（它是 x 的函数）再对 x 从 a 到 b 计算定积分. 这个先对 y，后对 x 的二次积分也常记作

$$\iint\limits_{D} f(x,y)\mathrm{d}\sigma = \int_a^b \Big[\int_{\varphi_1(x)}^{\varphi_2(x)} f(x,y)\mathrm{d}y\Big]\mathrm{d}x.$$

在上述讨论中，假定了 $f(x,y) \geqslant 0$，利用二重积分的几何意义，导出了二重积分的计算公式(10-1). 但实际上，公式(10-1)并不受此条件限制，对一般的 $f(x,y)$（在 D 上连续），公式(10-1)总是成立的.

2. 设积分区域 D 可表示为

$$D = \{(x,y) \mid \phi_1(y) \leqslant x \leqslant \phi_2(y), c \leqslant y \leqslant d\}.$$

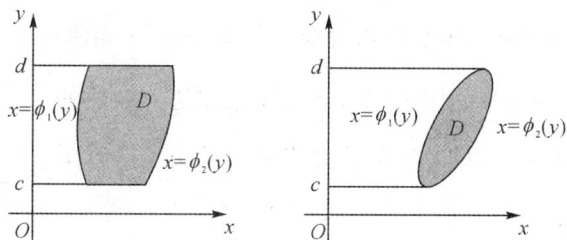

图 10-2-3

如图 10-2-3 所示，此类区域的特点为：用平行于 x 轴的直线穿过区域 D 的内部时与 D 的边界曲线相交恰好有两个交点（两个交点允许重合），称为 Y- 型区域. 则

$$\iint\limits_{D} f(x,y)\mathrm{d}\sigma = \int_c^d \Big[\int_{\phi_1(y)}^{\phi_2(y)} f(x,y)\mathrm{d}x\Big]\mathrm{d}y \tag{10-2}$$

【注意】　在计算 $\int_{\varphi_1(x)}^{\varphi_2(x)} f(x,y)\mathrm{d}y$ 时，把 x 看成常数；在计算 $\int_{\phi_1(y)}^{\phi_2(y)} f(x,y)\mathrm{d}x$ 时，把 y 看成常数.

3. 若区域 D 既不是 X- 型区域，也不是 Y- 型区域，则可用平行于坐标轴的直线把它分成几个部分区域，使每个部分区域是 X- 型区域或 Y- 型区域，然后利用公式(10-1)或(10-2)计算.

计算二重积分的步骤：

(1) 画出积分区域图，并确定积分区域的类型.

(2) 若积分区域 D 只是 X- 型区域，则用公式(10-1)；若积分区域 D 只是 Y- 型区域，则用公式(10-2)；若积分区域 D 既是 X- 型区域，也是 Y- 型区域，则要根据被积函数的特点确定用式(10-1)还是用式(10-2)计算.

(3) 前面所画的两类积分区域的形状具有一个共同点：

对于 X- 型（或 Y- 型）区域，用平行于 y 轴（x 轴）的直线穿过区域内部，直线与区域的边界相交不多于两点.

如果积分区域不满足这一条件时，可对区域进行剖分，化归为 X- 型（或 Y- 型）区域的并集. 如图 10-2-4，可利用下面公式进行计算二重积分.

$$\iint\limits_{D} f(x,y)\mathrm{d}\sigma = \iint\limits_{D_1} f(x,y)\mathrm{d}\sigma + \iint\limits_{D_2} f(x,y)\mathrm{d}\sigma + \iint\limits_{D_3} f(x,y)\mathrm{d}\sigma.$$

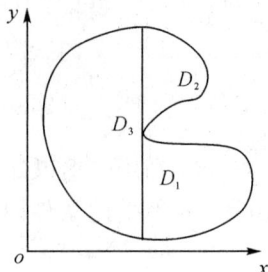

图 10-2-4

【例1】 计算 $\iint\limits_{D} \dfrac{x^2}{y}\mathrm{d}x\mathrm{d}y$,其中 D 由直线 $y=2$,$y=x$ 和曲线 $xy=1$ 所围成.

解 画出区域 D 的图形如图 10-2-5 所示,求出边界曲线的交点坐标 $A(\dfrac{1}{2},2)$,$B(1,1)$,$C(2,2)$,选择先对 x 积分,这时 D 的表达式为

$$\begin{cases} 1 \leqslant y \leqslant 2 \\ \dfrac{1}{y} \leqslant x \leqslant y \end{cases},$$

于是

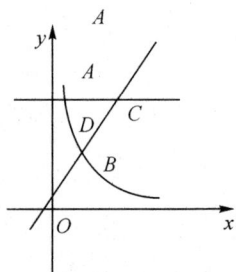

图 10-2-5

$$\begin{aligned}
\iint\limits_{D} \frac{x^2}{y}\mathrm{d}x\mathrm{d}y &= \int_1^2 \mathrm{d}y \int_{\frac{1}{y}}^{y} \frac{x^2}{y}\mathrm{d}x = \int_1^2 \frac{1}{y}\left[\frac{x^3}{3}\right]\Big|_{\frac{1}{y}}^{y}\mathrm{d}y \\
&= \int_1^2 \frac{1}{3}(y^2 - \frac{1}{y^4})\mathrm{d}y \\
&= \frac{1}{3}(\frac{1}{3}y^3 + \frac{1}{3}y^{-3})\Big|_1^2 \\
&= \frac{49}{72}.
\end{aligned}$$

【说明】 本题也可先对 y 积分后对 x 积分,但是这时就必须用直线 $x=1$ 将 D 分 D_1 和 D_2 两部分(见图 10-2-6).其中

$$D_1 \begin{cases} \dfrac{1}{2} \leqslant x \leqslant 1 \\ \dfrac{1}{x} \leqslant y \leqslant 2 \end{cases}, \quad D_2 \begin{cases} 1 \leqslant x \leqslant 2 \\ x \leqslant y \leqslant 2 \end{cases}.$$

由此得

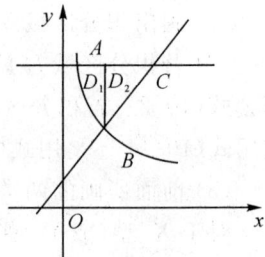

图 10-2-6

$$\begin{aligned}
\iint\limits_{D} \frac{x^2}{y}\mathrm{d}x\mathrm{d}y &= \iint\limits_{D_1} \frac{x^2}{y}\mathrm{d}x\mathrm{d}y + \iint\limits_{D_2} \frac{x^2}{y}\mathrm{d}x\mathrm{d}y \\
&= \int_{\frac{1}{2}}^1 \mathrm{d}x \int_{\frac{1}{x}}^2 \frac{x^2}{y}\mathrm{d}y + \int_1^2 \mathrm{d}x \int_x^2 \frac{x^2}{y}\mathrm{d}y. \\
&= \int_{\frac{1}{2}}^1 x^2[\ln y]\Big|_{\frac{1}{x}}^2 \mathrm{d}x + \int_1^2 x^2[\ln y]\Big|_x^2 \mathrm{d}x
\end{aligned}$$

$$= \int_{\frac{1}{2}}^{1} x^2 [\ln 2 + \ln x] dx + \int_{1}^{2} x^2 [\ln 2 - \ln x] dx$$

$$= \frac{49}{72}.$$

显然，先对 y 积分后对 x 积分要麻烦得多，所以恰当地选择积分次序是化二重积分为二次积分的关键步骤.

【例 2】　计算 $\iint\limits_{D} \dfrac{y^2}{x^2} dx dy$，其中 D 是由 $x = 2$，$y = x$，及 $xy = 1$ 所围成.

分析　积分区域为 x 型区域 $D = \{(x,y) \mid 1 \leqslant x \leqslant 2, \dfrac{1}{x} \leqslant y \leqslant x\}$. 确定了积分区域然后可以利用公式(10-1)进行求解.

解　积分区域为 X- 型区域 $D = \{(x,y) \mid 1 \leqslant x \leqslant 2, \dfrac{1}{x} \leqslant y \leqslant x\}$，则

$$\iint\limits_{D} \frac{y^2}{x^2} dx dy = \int_{1}^{2} dx \int_{\frac{1}{x}}^{x} \frac{y^2}{x^2} dy = \int_{1}^{2} \left(\frac{y^3}{3x^2} \right) \Big|_{\frac{1}{x}}^{x} dx = \int_{1}^{2} \left(\frac{x}{3} - \frac{1}{3x^5} \right) dx = \left(\frac{x^2}{6} + \frac{1}{12x^4} \right) \Big|_{1}^{2} = \frac{27}{64}.$$

【例 3】　求 $\iint\limits_{D} x^2 e^{-y^2} dx dy$，其中 D 是以 $(0,0),(1,1),(0,1)$ 为顶点的三角形.

解　(作图略) 因为 $\int e^{-y^2} dy$ 无法用初等函数表示，所以积分时必须考虑次序.

$$\iint\limits_{D} x^3 e^{-y^2} dx dy = \int_{0}^{1} dy \int_{0}^{y} x^3 e^{-y^2} dx$$

$$= \int_{0}^{1} e^{-y^2} \cdot \frac{y^3}{3} dy = \int_{0}^{1} e^{-y^2} \cdot \frac{y^2}{6} dy^2 = \frac{1}{6} \left(1 - \frac{2}{e} \right).$$

【注意】　计算二重积分，常常可以改变积分的次序，

$$\int_{0}^{1} dx \int_{0}^{1-x} f(x,y) dy = \int_{0}^{1} dy \int_{0}^{1-y} f(x,y) dx.$$

在化二重积分为二次积分时，为了计算简便，需要选择恰当的二次积分的次序. 这时，既要考虑积分区域 D 的形状，又要考虑被积函数 $f(x,y)$ 的特性.

*10.2.2　利用极坐标变换计算二重积分

当被积函数含有 $f(x^2 + y^2)$，$f\left(\dfrac{x}{y}\right)$ 或 $f\left(\dfrac{y}{x}\right)$ 形式或积分区域的边界曲线用极坐标方程来表示比较方便，如圆形及圆形区域的一部分时，可考虑用极坐标变换

$$T: \begin{cases} x = r\cos\theta \\ y = r\sin\theta \end{cases}, 0 \leqslant r < \infty, 0 \leqslant \theta \leqslant 2\pi.$$

这个变换除原点和正实轴外是一一对应的. 这时，在二重积分 $\iint\limits_{D} f(x,y) d\sigma$ 中，可以证明面积元素 $d\sigma = r dr d\theta$，注意到被积函数 $f(x,y) = f(r\cos\theta, r\sin\theta)$，因此，

$$\iint\limits_{D} f(x,y) d\sigma = \iint\limits_{D} f(r\cos\theta, r\sin\theta) d\sigma.$$

1. 如果原点 $O \notin D$，且 xy 平面上射线 $\theta =$ 常数与积分区域 D 的边界至多交于两点(见图 10-2-7)，则积分区域 D 为下列形式：

$$\varphi_1(\theta) \leqslant r \leqslant \varphi_2(\theta), \ \alpha \leqslant \theta \leqslant \beta.$$

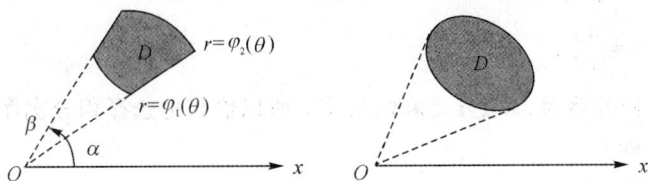

图 10-2-7

则有

$$\iint\limits_{D} f(x,y)\mathrm{d}x\mathrm{d}y = \int_{\alpha}^{\beta}\mathrm{d}\theta \int_{\varphi_1(\theta)}^{\varphi_2(\theta)} f(r\cos\theta, r\sin\theta) r\mathrm{d}r.$$

类似地,若 xOy 平面上的圆 $r=$ 常数与积分区域 D 的边界至多交于两点,则积分区域 D 为下列形式:

$$\phi_1(r) \leqslant \theta \leqslant \phi_2(r), \ r_1 \leqslant r \leqslant r_2,$$

那么

$$\iint\limits_{D} f(x,y)\mathrm{d}x\mathrm{d}y = \int_{r_1}^{r_2} r\mathrm{d}r \int_{\phi_1(r)}^{\phi_2(r)} f(r\cos\theta, r\sin\theta)\mathrm{d}\theta.$$

2. 如果原点 O 在积分区域 D 的边界上(见图 10-2-8),则积分区域 D 为下列形式:

$$0 \leqslant r \leqslant \varphi(\theta), \ \alpha \leqslant \theta \leqslant \beta.$$

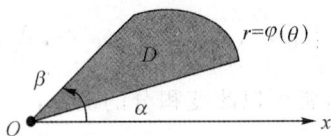

图 10-2-8

显然,这只是情形 1 的特殊形式

$$\varphi_1(\theta) \equiv 0, \varphi_2(\theta) = \varphi(\theta)(\text{即极点在积分区域的边界上}),$$

那么

$$\iint\limits_{D} f(x,y)\mathrm{d}x\mathrm{d}y = \int_{\alpha}^{\beta}\mathrm{d}\theta \int_{0}^{\varphi(\theta)} f(r\cos\theta, r\sin\theta) r\mathrm{d}r.$$

3. 如果原点 O 为积分区域 D 的内点,D 的边界的极坐标方程为 $r = \varphi(\theta)$,则积分区域 $D:0 \leqslant r \leqslant \varphi(\theta), 0 \leqslant \theta \leqslant 2\pi$,如图 10-2-9 所示.

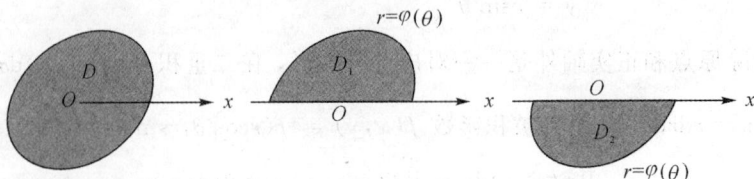

图 10-2-9

因为 $D = D_1 \bigcup D_2$，其中，$D_1 : 0 \leqslant r \leqslant \varphi(\theta)$，$0 \leqslant \theta \leqslant \pi$；$D_2 : 0 \leqslant r \leqslant \varphi(\theta)$，$\pi \leqslant \theta \leqslant 2\pi$，所以这类情形是情形 2 的一种变形. 则有

$$\iint\limits_{D} f(x,y)\mathrm{d}x\mathrm{d}y = \iint\limits_{D_1} f(x,y)\mathrm{d}x\mathrm{d}y + \iint\limits_{D_2} f(x,y)\mathrm{d}x\mathrm{d}y = \int_0^{2\pi}\mathrm{d}\theta\int_0^{\varphi(\theta)} f(r\cos\theta, r\sin\theta)r\mathrm{d}r.$$

由上面的讨论不难发现，将二重积分化为极坐标形式进行计算，其关键之处在于将积分区域 D 用极坐标变量 r,θ 表示成如下形式

$$\varphi_1(\theta) \leqslant r \leqslant \varphi_2(\theta), \ \alpha \leqslant \theta \leqslant \beta.$$

【例 4】　计算 $I = \iint\limits_{D} \dfrac{\mathrm{d}\sigma}{\sqrt{1-x^2-y^2}}$，其中 D 为圆域：$x^2+y^2 \leqslant 1$.

分析　观察到积分区域为圆域，被积函数的形式为 $f(x^2+y^2)$，且原点为 D 的内点，故可采用极坐标变换 $T:\begin{cases} x = r\cos\theta, 0 \leqslant r \leqslant 1 \\ y = r\sin\theta, 0 \leqslant \theta \leqslant 2\pi \end{cases}$，可以简化被积函数.

解　作变换

$$T:\begin{cases} x = r\cos\theta, 0 \leqslant r \leqslant 1 \\ y = r\sin\theta, 0 \leqslant \theta \leqslant 2\pi \end{cases},$$

则有

$$I = \iint\limits_{D} \dfrac{\mathrm{d}\sigma}{\sqrt{1-x^2-y^2}} = \int_0^{2\pi}\mathrm{d}\theta\int_0^1 \dfrac{1}{\sqrt{1-r^2}}r\mathrm{d}r$$

$$= \int_0^{2\pi}\left[-\sqrt{1-r^2}\right]\Big|_0^1\mathrm{d}\theta = \int_0^{2\pi}\mathrm{d}\theta = 2\pi.$$

【例 5】　计算 $\iint\limits_{D} \mathrm{e}^{-x^2-y^2}\mathrm{d}x\mathrm{d}y$，其中 D 是以原点为中心，半径为 a 的圆周所围成的闭区域.

解　作变换 $T:\begin{cases} x = r\cos\theta, 0 \leqslant r \leqslant a \\ y = r\sin\theta, 0 \leqslant \theta \leqslant 2\pi \end{cases}$，则有

$$\iint\limits_{D} \mathrm{e}^{-x^2-y^2}\mathrm{d}x\mathrm{d}y = \iint\limits_{D} \mathrm{e}^{-r^2}r\mathrm{d}r\mathrm{d}\theta = \int_0^{2\pi}\mathrm{d}\theta\int_0^a \mathrm{e}^{-r^2}r\mathrm{d}r = \pi(1-\mathrm{e}^{-a^2}).$$

【例 6】　求半球体 $0 \leqslant z \leqslant \sqrt{a^2-x^2-y^2}$ 在圆柱 $x^2+y^2 = ax(a>0)D$ 内那部分的体积.

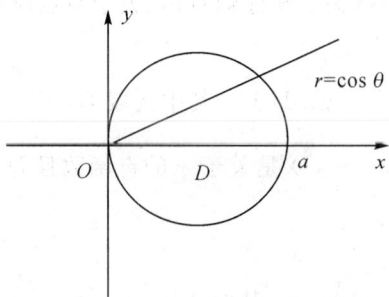

图 10-2-10

解　如图 10-2-10,把所求立体投影到 xOy 面,即圆柱 $x^2 + y^2 = ax(a > 0)$ 内部,容易看出所求立体的体积是以 D 为底,以上半球面 $z = \sqrt{a^2 - x^2 - y^2}$ 为顶的曲顶柱体的体积.

由于积分区域的边界曲线为圆周,所以采用极坐标系较好. 此时

$$D \begin{cases} -\dfrac{\pi}{2} \leqslant \theta \leqslant \dfrac{\pi}{2}, \\ 0 \leqslant r \leqslant a\cos\theta \end{cases}$$

故

$$V = \iint\limits_{D} \sqrt{a^2 - x^2 - y^2}\, \mathrm{d}x\mathrm{d}y$$

$$= \int_{-\frac{\pi}{2}}^{\frac{\pi}{2}} \mathrm{d}\theta \int_{0}^{a\cos\theta} \sqrt{a^2 - r^2}\, r\mathrm{d}r$$

$$= \frac{2}{3} \int_{0}^{\frac{\pi}{2}} a^3 (1 - \cos^3\theta)\mathrm{d}\theta = \left(\frac{\pi}{3} - \frac{4}{9}\right)a^3.$$

*10.2.3　利用对称性计算二重积分

在定积分的计算中,若遇到对称区间,我们知道:

当 $f(x)$ 在区间上为连续的奇函数时,$\displaystyle\int_{-a}^{a} f(x)\mathrm{d}x = 0$;

当 $f(x)$ 在区间上为连续的偶函数时,$\displaystyle\int_{-a}^{a} f(x)\mathrm{d}x = 2\int_{0}^{a} f(x)\mathrm{d}x$.

在计算二重积分时,若积分区域具有某种对称性,也有类似的结论.

定理 10　若二重积分 $\displaystyle\iint\limits_{D} f(x,y)\mathrm{d}x\mathrm{d}y$ 满足:

(1) 区域 D 可分为对称(关于坐标轴对称、关于原点对称、关于某直线对称等)的两部分 D_1 和 D_2,对称点 $P \in D_1$,$P' \in D_2$;

(2) 被积函数在对称点的值 $f(P)$ 与 $f(P')$ 相同或互为相反数;
则

$$\iint\limits_{D} f(x,y)\mathrm{d}x\mathrm{d}y = \begin{cases} 0, & f(P') = -f(P) \\ 2\iint\limits_{D_1} f(x,y)\mathrm{d}x\mathrm{d}y, & f(P') = f(P) \end{cases}$$

其中 P' 的坐标根据 D 的对称性(关于坐标轴对称、关于原点对称、关于某直线对称等)的类型而确定.

【例 7】　计算 $\displaystyle\iint\limits_{D} y\ln(1 + x^2 + y^2)\mathrm{d}x\mathrm{d}y$,其中区域 $D: x^2 + y^2 \leqslant 1, x \geqslant 0$.

解　$f(x,y) = y\ln(1 + x^2 + y^2)$ 是关于 y 的奇函数且 D 关于 x 轴对称,所以 $\displaystyle\iint\limits_{D} y\ln(1 + x^2 + y^2)\mathrm{d}x\mathrm{d}y = 0$.

【例 8】　计算 $\displaystyle\iint\limits_{D} \sin(x^2 + y^2)\mathrm{d}x\mathrm{d}y$,其中区域 $D: x^2 + y^2 \leqslant 4, x \geqslant 0$.

解　因为 $f(x,y) = \sin(x^2 + y^2)$ 是关于 y 的偶函数,且 D 关于 x 轴对称,所以

$$\iint\limits_{D} \sin (x^2 + y^2) dx dy = 2 \iint\limits_{\substack{x^2+y^2 \leqslant 4 \\ x \geqslant 0, y \geqslant 0}} \sin (x^2 + y^2) dx dy$$

$$= 2 \iint\limits_{\substack{x^2+y^2 \leqslant 4 \\ x \geqslant 0, y \geqslant 0}} \sin (x^2 + y^2) dx dy \xrightarrow{\text{采用极坐标}} 2 \int_0^{\frac{\pi}{2}} d\theta \int_0^2 r \sin r^2 dr$$

$$= \frac{\pi}{2}(1 - \cos 4).$$

【例 9】 计算 $\iint\limits_{D} x^2 y dx dy$,其中区域 $D: -1 \leqslant x \leqslant 1, 0 \leqslant y \leqslant 1$.

解 $f(x,y) = x^2 y$ 是关于 x 的偶函数,且区域 D 关于 y 轴对称,

所以 $\iint\limits_{D} x^2 y dx dy = 2 \int_0^1 dy \int_0^1 x^2 y dx = 2 \int_0^1 y dy \int_0^1 x^2 dx = \frac{1}{3}$.

【例 10】 $\iint\limits_{D} (|x| + |y|) d\sigma$,其中区域 $D: |x| + |y| \leqslant 1$.

解 区域 D 关于坐标轴、坐标原点都对称,被积函数关于 x, y 都是偶函数,故

$$\iint\limits_{D} (|x| + |y|) d\sigma = 4 \iint\limits_{D_1} (|x| + |y|) d\sigma$$

其中,D_1 为 D 中第一象限部分,表示为:$x + y \leqslant 1, x > 0, y > 0$. 由于 D_1 关于直线 $y = x$ 对称,$f(x,y) = f(y,x)$,所以

$$\iint\limits_{D} (|x| + |y|) d\sigma = 4 \iint\limits_{D_1} (|x| + |y|) d\sigma = 8 \iint\limits_{D_1} x d\sigma$$

$$= 8 \int_0^1 dx \int_0^{1-x} x dy = 8 \int_0^1 (x - x^2) dx = \frac{4}{3}.$$

▶▶▶▶ 习题 10.2 ◀◀◀◀

1. 填空题:

(1) 设积分区域 D 由 $y = x^2$ 和 $y = x + 2$ 围成,则 $\iint\limits_{D} f(x,y) d\sigma = $ _____.

(2) 设 $D: x^2 + y^2 \leqslant a^2 (a > 0)$,当 $a = $ _____ 时,$\iint\limits_{D} \sqrt{a^2 - x^2 - y^2} dx dy = \pi$.

(3) 设 $D: x^2 + y^2 \leqslant 4, y \geqslant 0$,则二重积分 $\iint\limits_{D} \sin (x^3 y^2) d\sigma = $ _____.

(4) 设有界闭域 D_1 与 D_2 关于 y 轴对称,且 $D_1 \cap D_2 = \Phi$,$f(x,y)$ 是定义在 $D = D_1 \cup D_2$ 上的连续函数,则二重积分 $\iint\limits_{D} f(x^2, y) dx dy = $ _____ $\iint\limits_{D_1} f(x^2, y) dx dy$.

(5) 若区域 D 为 $(x-1)^2 + y^2 \leqslant 1$,则二重积分 $\iint\limits_{D} f(x,y) dx dy$ 化成极坐标累次积分为

_____.

(6) 由曲线 $y = x^2, y = x + 2$ 所围成的平面薄片其上各点的面密度为 $\mu = 1 + x^2$,则此

薄片的质量 M 为 _____.

(7) 设 $D: x^2 + y^2 \leqslant x$,则 $\iint\limits_D \sqrt{x}\, \mathrm{d}x\mathrm{d}y =$ _____.

(8) 设 $D: x^2 + y^2 \leqslant 4, y \geqslant 0$,则二重积分 $\iint\limits_D \sin(x^3 y^2)\mathrm{d}\sigma =$ _____.

2. 改变下列积分中的积分顺序:

(1) $\displaystyle\int_{-1}^{1} \mathrm{d}x \int_{0}^{\sqrt{1-x^2}} f(x, y)\mathrm{d}y$; (2) $\displaystyle\int_{0}^{1} \mathrm{d}x \int_{x^2}^{x} f(x, y)\mathrm{d}y$; (3) $\displaystyle\int_{0}^{\pi} \mathrm{d}x \int_{0}^{\sin x} f(x, y)\mathrm{d}y$;

(4) $\displaystyle\int_{0}^{1} \mathrm{d}x \int_{0}^{x^2} f(x, y)\mathrm{d}y + \int_{1}^{\sqrt{2}} \mathrm{d}x \int_{0}^{\sqrt{2-x^2}} f(x, y)\mathrm{d}y$; (5) $\displaystyle\int_{-1}^{2} \mathrm{d}y \int_{y^2}^{y+2} f(x, y)\mathrm{d}x$.

3. 计算下列二重积分:

(1) $\iint\limits_D (x^2 + y^2)\mathrm{d}x\mathrm{d}y$,其中,$D$ 是由 $|x| \leqslant 1, |y| \leqslant 1$ 围成的;

(2) $\iint\limits_D \cos(x + y)\mathrm{d}x\mathrm{d}y$,其中,$D$ 是由 $x = 0, y = \pi$ 及 $y = x$ 围成的;

(3) $\iint\limits_D y\sqrt{x^2 - y^2}\,\mathrm{d}\sigma$,其中,$D$ 是由直线 $y = x, x = 1$ 及 $y = 0$ 围成的.

4. 用极坐标计算下列二重积分:

(1) $\iint\limits_D (x^2 - 2x + 3y + 2)\mathrm{d}x\mathrm{d}y$,其中,$D$ 是由 $x^2 + y^2 \leqslant a$ 围成的;

(2) $\iint\limits_D (x + y)\mathrm{d}x\mathrm{d}y$,其中,$D$ 是由 $x^2 + y^2 \leqslant x + y$ 所确定的区域;

(3) $\iint\limits_D \sin(\sqrt{x^2 + y^2})\mathrm{d}x\mathrm{d}y$,其中,$D$ 是由 $\pi^2 \leqslant x^2 + y^2 \leqslant 4\pi^2$ 所确定的区域.

§10.3　二重积分的几点应用

与定积分相类似,二重积分存在元素法.在使用元素法时,某个量 A 可表示成二重积分形式 $A = \iint\limits_D f(x, y)\mathrm{d}\sigma$,则需满足:(1) 所求量 A 对于闭区域 D 具有可加性(即:当闭区域 D 分成许多小闭区域 $\mathrm{d}\sigma$ 时,所求量 A 相应地分成许多部分量 ΔA,且 $A = \sum \Delta A$);(2) 在 D 内任取一个直径充分小的小闭区域 $\mathrm{d}\sigma$ 时,相应的部分量 ΔA 可近似地表示为 $f(x, y)\mathrm{d}\sigma$,其中 $(x, y) \in \mathrm{d}\sigma$,称 $f(x, y)\mathrm{d}\sigma$ 为所求量 ΔA 的元素,并记作 $\mathrm{d}A$.

10.3.1　二重积分在几何上的应用

1. 曲顶柱体的体积

由二重积分的几何意义知:若 $f(x, y) \geqslant 0$,二重积分表示以 $z = f(x, y)$ 为曲顶,以 D 为底的曲顶柱体的体积.即 $V = \lim\limits_{\lambda \to 0} \sum\limits_{i=1}^{n} f(\xi_i, \eta_i)\Delta\sigma_i = \iint\limits_D f(x, y)\mathrm{d}\sigma$.因此,建筑物的容积问题

可以使用数学中二重积分来解决.

【例 1】 $I = \iint\limits_{D} \sqrt{1 - \dfrac{x^2}{a^2} - \dfrac{y^2}{b^2}} \, \mathrm{d}x\mathrm{d}y$，其中区域 $D : \dfrac{x^2}{a^2} + \dfrac{y^2}{b^2} \leqslant 1$.

解 因为被积函数 $z = \sqrt{1 - \dfrac{x^2}{a^2} - \dfrac{y^2}{b^2}} \geqslant 0$，$I$ 表示 D 为底、$z = \sqrt{1 - \dfrac{x^2}{a^2} - \dfrac{y^2}{b^2}} \geqslant 0$ 为顶的曲顶柱体体积. 又平行于 xOy 面的截面面积为

$$A(z) = \pi ab(1 - z^2) \quad (0 \leqslant z \leqslant 1).$$

因而，根据平行截面面积为已知的立体体积公式有

$$I = \int_0^1 \pi ab(1 - z^2)\mathrm{d}z = \frac{1}{3}\pi ab.$$

【例 2】 某大剧院的顶部看成球面 $x^2 + y^2 + z^2 \leqslant 4a^2$ 的一部分（把大剧院的中心部位作为坐标原点），大剧院的下面部分看成是柱面 $x^2 + y^2 \leqslant 2a^2$ 的一部分，求该大剧院的容积.

解 这个问题可以粗略地看成一个二重积分题. 即：求由球体 $x^2 + y^2 + z^2 \leqslant 4a^2$ 和圆柱体 $x^2 + y^2 \leqslant 2a^2$ 及 xOy 面上方所围成的公共部分的体积.

由球的对称性知 $V = 4\iint\limits_{D} \sqrt{4a^2 - x^2 - y^2} \, \mathrm{d}x\mathrm{d}y$，其中 D 为 xOy 面上圆周 $y = \sqrt{2a^2 - x^2}$ 在第一卦限的区域，在极坐标系下，D 可表示为 $0 \leqslant \theta \leqslant \dfrac{\pi}{2}$，$0 \leqslant r \leqslant \sqrt{2}a$. 所以，大剧院的容积（粗略的）为 $V = 4\iint\limits_{D} r \sqrt{4a^2 - r^2} \, \mathrm{d}r\mathrm{d}\theta = 4\int_0^{\frac{\pi}{2}} \mathrm{d}\theta \int_0^{\sqrt{2}a} r \sqrt{4a^2 - r^2} \, \mathrm{d}r = \dfrac{2}{3}\pi(8 - 2\sqrt{2})a^3$.

【例 3】 求圆柱体 $x^2 + y^2 = a^2$ 和 $x^2 + z^2 = a^2$ 所围立体的体积（这个问题等同于求两圆形管道相交部位的体积问题，体积的大小直接影响水的流量）.

解 不难计算，所求的体积 $V = 8\iint\limits_{D} \sqrt{a^2 - x^2} \, \mathrm{d}x\mathrm{d}y = 8\int_0^a \mathrm{d}x \int_0^{\sqrt{a^2 - x^2}} \sqrt{a^2 - x^2} \, \mathrm{d}y = \dfrac{16}{3}a^3$.

【例 4】 求椭球体 $\dfrac{x^2}{a^2} + \dfrac{y^2}{b^2} + \dfrac{z^2}{c^2} \leqslant 1$ 的体积.

解 由对称性，椭球体的体积 V 是第一卦限部分体积的 8 倍，这一部分是以 $z = c\sqrt{1 - \dfrac{x^2}{a^2} - \dfrac{y^2}{b^2}}$ 为曲顶，$D = \left\{ (x,y) \,\middle|\, 0 \leqslant y \leqslant b\sqrt{1 - \dfrac{x^2}{a^2}}, 0 \leqslant x \leqslant a \right\}$ 为底的曲顶柱体，所以 $V = 8\iint\limits_{D} c\sqrt{1 - \dfrac{x^2}{a^2} - \dfrac{y^2}{b^2}} \, \mathrm{d}x\mathrm{d}y$. 应用广义极坐标变换，由于 $z = c\sqrt{1 - r^2}$，因此 $V = 8\int_0^{\frac{\pi}{2}} \mathrm{d}\theta \int_0^1 c\sqrt{1 - r^2} \, abr\mathrm{d}r = 8abc\int_0^{\frac{\pi}{2}} \mathrm{d}\theta \int_0^1 r\sqrt{1 - r^2} \, \mathrm{d}r = \dfrac{4\pi}{3}abc$.

2. 曲面的面积

定积分可求得平面曲线的弧长，与此相当，二重积分可求得空间曲面的面积.

（1）曲面由函数方程给出的情形

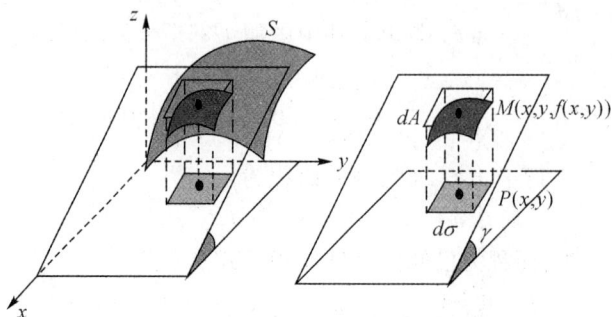

图 10-3-1

如图 10-3-1，设曲面 S 的方程为 $z = f(x, y)$，在 xOy 面上的投影区域为 D_{xy}，设小区域 $\mathrm{d}\sigma \in D_{xy}$，点 $P(x, y) \in \mathrm{d}\sigma$，以 $\mathrm{d}\sigma$ 边界为准线，母线平行于 z 轴的小柱面，截曲面 S 为 $\mathrm{d}S$；T 为 S 上过 $M(x, y, f(x, y))$ 的切平面，小柱面截切平面 T 为 $\mathrm{d}A$（$\mathrm{d}A$ 与 $\mathrm{d}S$ 在投影平面有共同的投影 $\mathrm{d}\sigma$），则有 $\mathrm{d}A \approx \mathrm{d}S$. 由于 $\mathrm{d}\sigma$ 为在 xOy 面上的投影，因此，

$\mathrm{d}\sigma = \mathrm{d}A \cdot \cos\gamma$（$\gamma$ 为 M 处曲面 S 上法线（指向朝上）与 z 轴所成的方向角）.

又因为 $\cos\gamma = \dfrac{1}{\sqrt{1 + f_x^2 + f_y^2}}$，所以曲面 S 的面积元素 $\mathrm{d}A = \sqrt{1 + f_x^2 + f_y^2}\,\mathrm{d}\sigma$，由此可得，$A = \iint\limits_{D} \sqrt{1 + f_x^2 + f_y^2}\,\mathrm{d}\sigma$. 因此，曲 S 的面积公式为

$$A = \iint\limits_{D_{xy}} \sqrt{1 + \left(\frac{\partial z}{\partial x}\right)^2 + \left(\frac{\partial z}{\partial y}\right)^2}\,\mathrm{d}x\mathrm{d}y.$$

若曲面方程为 $x = g(y, z)$ 或 $y = h(x, z)$，则分别把曲面投影到 yOz 面上（投影区域记作 D_{yz}）或 xOz 面上（投影区域记作 D_{xz}），类似地，设曲面的方程为 $x = g(y, z)$，则

曲面 S 的面积公式为 $A = \iint\limits_{D_{yz}} \sqrt{1 + \left(\frac{\partial x}{\partial y}\right)^2 + \left(\frac{\partial x}{\partial z}\right)^2}\,\mathrm{d}y\mathrm{d}z.$

设曲面的方程为 $y = h(x, z)$，则

曲面 S 的面积公式为 $A = \iint\limits_{D_{xz}} \sqrt{1 + \left(\frac{\partial y}{\partial z}\right)^2 + \left(\frac{\partial y}{\partial x}\right)^2}\,\mathrm{d}x\mathrm{d}z.$

【例 5】 求球面的面积.

解 设球面方程为 $x^2 + y^2 + z^2 = R^2$，由对称性，考虑上半球面，其方程为 $z = \sqrt{R^2 - x^2 - y^2}$，$x^2 + y^2 \leqslant R^2$.

$\dfrac{\partial z}{\partial x} = \dfrac{-x}{\sqrt{R^2 - x^2 - y^2}}, \dfrac{\partial z}{\partial y} = \dfrac{-y}{\sqrt{R^2 - x^2 - y^2}}, \sqrt{1 + \left(\frac{\partial z}{\partial x}\right)^2 + \left(\frac{\partial z}{\partial y}\right)^2} = \dfrac{R}{\sqrt{R^2 - x^2 - y^2}}$

因为球面的面积 $S_{球面}$ 为上半球面面积 $S_{上半球}$ 的两倍，所以

$S_{球面} = 2S_{上半球面}$

$= 2\iint\limits_{Dxy} \sqrt{1 + \left(\frac{\partial z}{\partial x}\right)^2 + \left(\frac{\partial z}{\partial y}\right)^2}\,\mathrm{d}\sigma$

$$= 2 \iint\limits_{Dxy} \frac{R}{\sqrt{R^2 - x^2 - y^2}} \mathrm{d}x\mathrm{d}y = 2R \int_0^{2\pi} \mathrm{d}\theta \int_0^R \frac{r\mathrm{d}r}{\sqrt{R^2 - r^2}} （极坐标变换）$$

$$= 4\pi R^2.$$

【注意】　由于函数 $\dfrac{r}{\sqrt{R^2 - r^2}}$ 在 $(0, R)$ 上无界, 因此, $\displaystyle\int_0^R \dfrac{r\mathrm{d}r}{\sqrt{R^2 - r^2}}$ 不能直接求出. 这

里, $\displaystyle\int_0^R \frac{r\mathrm{d}r}{\sqrt{R^2 - r^2}} = \lim_{a \to R} \int_0^a \frac{r\mathrm{d}r}{\sqrt{R^2 - r^2}} = \lim_{a \to R}(R - \sqrt{R^2 - a^2}) = R.$

【例 6】　求锥面 $z = \sqrt{x^2 + y^2}$ 被柱面 $z^2 = 2x$ 所截部分的曲面面积.

解　曲面在 xOy 平面上的投影区域 $D : x^2 + y^2 \leqslant 2x$, 而

$$\frac{\partial z}{\partial x} = \frac{x}{\sqrt{x^2 + y^2}}, \frac{\partial z}{\partial y} = \frac{y}{\sqrt{x^2 + y^2}},$$

则

$$S = \iint\limits_D \sqrt{1 + (\frac{\partial z}{\partial x})^2 + (\frac{\partial z}{\partial y})^2} \, \mathrm{d}x\mathrm{d}y = \sqrt{2} \iint\limits_D \mathrm{d}x\mathrm{d}y = \sqrt{2}\,\pi.$$

（2）曲面由参数方程给出的情形

若空间曲面 S 的方程是用参数方程 $\begin{cases} x = x(u, v) \\ y = y(u, v) \\ z = z(u, v) \end{cases}$ 给出, 其中 $(u, v) \in D$, D 为封闭可求

积的有界区域, 假定函数 x, y 和 z 为在区域 D 内连续可微分的函数, 则曲面 S 的面积为

$A = \iint\limits_D \sqrt{EG - F^2} \, \mathrm{d}u\mathrm{d}v$（证明略）, 其中, $E = x_u^2 + y_u^2 + z_u^2$, $F = x_u x_v + y_u y_v + z_u z_v$, $G = x_v^2 + y_v^2 + z_v^2$.

【例 7】　求球面上两条纬线和两条经线之间的曲面的面积.

解　球面的参数方程为 $x = R\cos\psi\cos\phi$, $y = R\cos\psi\sin\phi$, $z = R\sin\psi$, 其中 R 为球的半径. 本题是求当 $\phi_1 \leqslant \phi \leqslant \phi_2$, $\psi_1 \leqslant \psi \leqslant \psi_2$ 时的球面部分面积. 由于 $E = x_\psi^2 + y_\psi^2 + z_\psi^2 = R^2$, $F = 0$, $G = R^2 \cos^2\psi$, 故 $\sqrt{EG - F^2} = R^2 \cos\psi$.

于是, 所求的面积为

$$S = \int_{\phi_1}^{\phi_2} \mathrm{d}\phi \int_{\psi_1}^{\psi_2} R^2 \cos\psi\sin\psi\mathrm{d}\psi = (\phi_2 - \phi_1)(\sin\psi_2 - \sin\psi_1)R^2,$$

其中 ϕ_1 及 ϕ_2 为经线的经度, ψ_1 及 ψ_2 为纬线的纬度.

10.3.2　二重积分在工程力学上的应用

1. 平面薄片的质心

简单地说, 质量中心简称质心, 指物质系统中被认为质量集中于此的一个假想点. 质点系的质心是质点系质量分布的平均位置.

设平面有 n 个质点, 分别位于 (x_k, y_k), 其质量分别为 $m_k (k = 1, 2, \cdots, n)$. 由力学知, 质点系对轴的力矩分别为 $M_x = \displaystyle\sum_{k=1}^n y_k m_k$, $M_y = \displaystyle\sum_{k=1}^n x_k m_k$, 总质量为 $M = \displaystyle\sum_{k=1}^n m_k$, 该质点系的质心坐标为

$$\bar{x} = \frac{M_y}{M} = \frac{\sum_{k=1}^{n} x_k m_k}{\sum_{k=1}^{n} m_k}, \quad \bar{y} = \frac{M_x}{M} = \frac{\sum_{k=1}^{n} y_k m_k}{\sum_{k=1}^{n} m_k}.$$

设有占有 xOy 面上区域 D 的平面薄片，其面密度为 $\mu(x,y)$，则它的质心坐标为

$$\bar{x} = \frac{\iint_D x\mu(x,y)\mathrm{d}x\mathrm{d}y}{\iint_D \mu(x,y)\mathrm{d}x\mathrm{d}y} = \frac{M_y}{M},$$

$$\bar{y} = \frac{\iint_D y\mu(x,y)\mathrm{d}x\mathrm{d}y}{\iint_D \mu(x,y)\mathrm{d}x\mathrm{d}y} = \frac{M_x}{M}.$$

若薄片是均匀的，即面密度 $\mu(x,y) =$ 常数时，则得 D 的质心坐标：

$$\bar{x} = \frac{\iint_D x\mathrm{d}x\mathrm{d}y}{A},$$

$$\bar{y} = \frac{\iint_D y\mathrm{d}x\mathrm{d}y}{A} \quad (A \text{ 为 } D \text{ 的面积}).$$

【说明】 在工程力学上，形心就是图形的几何中心，当物体是匀质时，即密度 $\mu(x,y)$ = 常数时，形心与质心是重合的.

【例8】 求位于两圆 $x^2 + (y-2)^2 = 4$ 和 $x^2 + (y-1)^2 = 1$ 之间的均匀薄片的质心.

解 利用对称性可知 $\bar{x} = 0$；

$$\bar{y} = \frac{1}{A}\iint_D y\mathrm{d}x\mathrm{d}y = \frac{1}{3\pi}\iint_D r^2 \sin\theta \mathrm{d}r\mathrm{d}\theta$$

$$= \frac{1}{3\pi}\int_0^\pi \sin\theta\mathrm{d}\theta \int_{2\sin\theta}^{4\sin\theta} r^2 \mathrm{d}r = \frac{56}{9\pi}\int_0^\pi \sin^4\theta\mathrm{d}\theta = \frac{7}{3}.$$

2. 平面薄片的转动惯量

在物理学上，转动惯量是刚体绕轴转动时惯性(回转物体保持其匀速圆周运动或静止的特性) 的量度. 一个质量是 m、速度是 v 且沿直线运动的物体，其动能是 $E = \frac{1}{2}mv^2$. 假如物体不是沿直线运动，而是以角速度 ω 绕着一条轴运动，它的速度是 $v = r\omega$，其中，r 是它的圆形路线的半径(r 是质点和转轴的垂直距离). 这时，$E = \frac{1}{2}(r^2 m)\omega^2$. 表达式 $r^2 m$ 叫作质点的**转动惯量(惯性矩)**. 对于一个做圆周运动的物体,转动惯量在其中扮演的角色与质量在直线运动的物体扮演的角色类似.

因质点系的转动惯量等于各质点的转动惯量之和，故连续体的转动惯量可用积分计算. 设物体占有平面区域 D，有连续分布的密度函数 $\mu(x,y)$，该物体位于 (x,y) 处的微元为 $\mathrm{d}\sigma$. 现要求该薄片对于 x 轴、y 轴的转动惯量 I_x，I_y. 与平面薄片对坐标轴的力矩相类似，对 x 轴的转动惯量元素为 $\mathrm{d}I_x = y^2 \mu(x,y)\mathrm{d}\sigma$，对 y 轴的转动惯量元素为 $\mathrm{d}I_y = x^2 \mu(x,y)\mathrm{d}\sigma$.

因此物体对 x 轴、y 轴的转动惯量为

$$I_x = \iint\limits_D y^2 \mu(x,y)\mathrm{d}\sigma = \iint\limits_D y^2 \mu(x,y)\mathrm{d}x\mathrm{d}y,$$

$$I_y = \iint\limits_D x^2 \mu(x,y)\mathrm{d}\sigma = \iint\limits_D x^2 \mu(x,y)\mathrm{d}x\mathrm{d}y.$$

【例 9】　已知均匀矩形板(面密度为常数 ρ)的长和宽分别为 b 和 h,计算此矩形板对于通过其形心且分别与一边平行的两轴的转动惯量.

解　先求质心,以形心为原点建立坐标系:

$$\bar{x} = \frac{1}{A}\iint\limits_D x\mathrm{d}x\mathrm{d}y = \frac{\int_0^b \mathrm{d}x \int_0^h x\mathrm{d}y}{bh} = \frac{b}{2},$$

$$\bar{y} = \frac{1}{A}\iint\limits_D y\mathrm{d}x\mathrm{d}y = \frac{\int_0^b \mathrm{d}x \int_0^h y\mathrm{d}y}{bh} = \frac{h}{2}.$$

对 x 轴(与长轴平行)的转动惯量

$$I_x = \rho\iint\limits_D \left(y - \frac{h}{2}\right)^2 \mathrm{d}x\mathrm{d}y = \frac{bh^3\rho}{12},$$

对 y 轴(与宽轴平行)的转动惯量

$$I_y = \rho\iint\limits_D \left(x - \frac{b}{2}\right)^2 \mathrm{d}x\mathrm{d}y = \frac{b^3 h\rho}{12}.$$

【说明】　任何平面图形对原点的极惯性矩等于这个图形对于两条直角坐标轴的惯性矩之和.也即平面图形 D 对坐标原点 O 的极惯性矩为

$$I_o = \iint\limits_D (x^2 + y^2)\mathrm{d}\sigma = \iint\limits_D x^2\mathrm{d}\sigma + \iint\limits_D y^2\mathrm{d}\sigma = I_x + I_y \text{ 或者 } I_o = \iint\limits_D r^2\mathrm{d}\sigma,$$

其中,r 是 D 内点 (x,y) 到 O 点的距离,注意到 $r^2 = x^2 + y^2$.

3. 平面薄片对质点的引力

设物体占有平面区域 D,其密度函数 $\mu(x,y)$ 连续.求该薄片对于点 $M_0(0,0,a)$ $(a > 0)$ 处单位质点的引力.利用元素法,引力元素在三坐标轴上的投影分别为

$$\mathrm{d}F_x = G\frac{\mu(x,y)x}{r^3}\mathrm{d}\sigma(G \text{ 为引力常数}),$$

$$\mathrm{d}F_y = G\frac{\mu(x,y)y}{r^3}\mathrm{d}\sigma,$$

$$\mathrm{d}F_z = G\frac{\mu(x,y)(z-a)}{r^3}\mathrm{d}\sigma.$$

在 D 上积分即得各引力分量:

$$F_x = \iint\limits_D \frac{G\mu(x,y)x}{(x^2 + y^2 + a^2)^{\frac{3}{2}}}\mathrm{d}\sigma,$$

$$F_y = \iint\limits_D \frac{G\mu(x,y)y}{(x^2 + y^2 + a^2)^{\frac{3}{2}}}\mathrm{d}\sigma,$$

$$F_z = \iint\limits_D \frac{G\mu(x,y)z}{(x^2 + y^2 + a^2)^{\frac{3}{2}}}\mathrm{d}\sigma.$$

【例 10】 设面密度为 $\mu(x,y)=\rho$, 半径为 R 的圆形薄片 $x^2+y^2\leqslant R, z=0$, 求它对位于原点处的单位质量质点的引力.

解 由对称性知, 引力 $F=(0,0,F_z)$.

$$\mathrm{d}F_z=-G\frac{\rho a\,\mathrm{d}\sigma}{d^3}=-G\frac{\rho a\,\mathrm{d}\sigma}{(x^2+y^2+a^2)^{\frac{3}{2}}},$$

$$F_z=-Ga\rho\iint\limits_{D}\frac{\mathrm{d}\sigma}{(x^2+y^2+a^2)^{\frac{3}{2}}}=-Ga\mu\int_0^{2\pi}\mathrm{d}\theta\int_0^R\frac{r\mathrm{d}r}{(r^2+a^2)^{\frac{3}{2}}}=2\pi Ga\rho\left(\frac{1}{\sqrt{R^2+a^2}}-\frac{1}{a}\right).$$

【结束语】 二重积分的计算方法主要是在极坐标系和直角坐标系下将二重积分化为二次积分, 进而要利用两次定积分计算此二重积分, 这种方法叫作累次积分法. 二重积分计算的主要途径是将二重积分转化为二次积分计算, 转化二次积分的方法灵活多变, 选择不当将会使积分更加复杂, 甚至无法计算. 另外, 应熟悉二重积分计算的一些常用公式:

直角坐标系下 $\quad\displaystyle\iint\limits_{D}f(x,y)\mathrm{d}x\mathrm{d}y=\int_a^b\mathrm{d}x\int_{\varphi_1(x)}^{\varphi_2(x)}f(x,y)\mathrm{d}y,\quad X\text{-}$ 型区域;

$\quad\quad\quad\quad\quad\quad\displaystyle\iint\limits_{D}f(x,y)\mathrm{d}x\mathrm{d}y=\int_c^d\mathrm{d}y\int_{\phi_1(y)}^{\phi_2(y)}f(x,y)\mathrm{d}x,\quad Y\text{-}$ 型区域;

极坐标系下 $\quad\displaystyle\iint\limits_{D}f(r\cos\theta,r\sin\theta)r\mathrm{d}r\mathrm{d}\theta=\int_a^\beta\mathrm{d}\theta\int_{\varphi_1(\theta)}^{\varphi_2(\theta)}f(r\cos\theta,r\sin\theta)r\mathrm{d}r.$

二重积分的应用主要体现在求曲顶柱体的体积、曲面面积和物理学中的一些平面薄板的重心坐标、转动惯量以及对质点的引力等问题.

▶▶▶▶ 习题 10.3 ◀◀◀◀

1. 设有球面 $x^2+y^2+z^2=R^2$ 与圆柱面 $x^2+y^2=Rx$,

(1) 求圆柱体 $x^2+y^2\leqslant Rx$ 被球面所截的那一部分的体积;

(2) 求球面被圆柱面所截得的那一部分的面积(指含在圆柱面内部).

2. 求半径为 a 的球面的表面积.

3. 求曲面 $x^2+y^2=a^2, x^2+z^2=a^2$ 所围立体的体积与表面积.

4. 求由曲面 $z=x^2+2y^2$ 及 $z=6-2x^2-y^2$ 所围成的立体的体积.

5. 求由平面 $x=0, y=0, x+y=1$ 所围成的柱体被平面 $z=0$ 及抛物面 $x^2+y^2=6-z$ 截得的立体体积 V.

6. 设有一等腰直角三角形薄片, 腰长为 a, 各点处的面密度等于该点到直角顶点的距离的平方, 求该薄片的质心.

7. 设均匀薄片(面密度为常数 1)所占闭区域 $D=\left\{(x,y)\mid\dfrac{x^2}{a^2}+\dfrac{y^2}{b^2}\leqslant 1\right\}$, 求转动惯量 I_y.

![gear icon] 高数小知识

二重积分与数学建模

【人口数量问题】　某城市人口密度近似为 $p(r) = \dfrac{4}{20 + r^2}$，其中 $p(r)$ 表示距市中心 r 公里处的人口密度，单位是 10 万人每平方公里，试求距市中心两公里区域内的人口数量.

分析　设距中心两公里区域内的人口数量为 P，该问题与非均匀的平面薄板的质量问题类似. 利用极坐标计算，得

$$P = \iint\limits_{D} p(r) r \mathrm{d}r\mathrm{d}\theta = \iint\limits_{D} \frac{4r}{20 + r^2} \mathrm{d}r\mathrm{d}\theta = \int_0^{2\pi} \mathrm{d}\theta \int_0^2 \frac{4r}{20 + r^2} \mathrm{d}r = 4\pi \cdot \ln 1.2 \approx 2.29$$

即距市中心两公里区域内的人口数量为 22.9 万人.

【火山喷发后高度变化问题】　一火山的形状可以用曲面 $z = h\mathrm{e}^{\frac{-\sqrt{x^2+y^2}}{4h}}$ $(z > 0，h$ 为火山的高度）来表示，在一次喷发中有体积为 V 的熔岩黏附在山上，使其具有和原来同样的形状，求火山高度变化的百分比.

分析　先将所求问题数学化、抽象化，实际上该问题是计算曲顶柱体的体积，设火山原始体积为 V_0，火山喷发后体积为 V_1，喷发后火山的高度为 h_1，火山高度变化的比例是 $\dfrac{h_1 - h}{h}$.

由于火山的底很大，计算时火山底面理解为无穷大. 利用极坐标计算，先求火山原始体积 V_0，有

$$V_0 = \iint\limits_{D} h\mathrm{e}^{\frac{-\sqrt{x^2+y^2}}{4h}} \mathrm{d}x\mathrm{d}y = \iint\limits_{D} h\mathrm{e}^{\frac{-r}{4h}} r \mathrm{d}r\mathrm{d}\theta = \int_0^{2\pi} \mathrm{d}\theta \int_0^{+\infty} h\mathrm{e}^{\frac{-r}{4h}} r \mathrm{d}r$$

$$= 2\pi h \cdot (-4h) \left[r\mathrm{e}^{-\frac{r}{4h}} \Big|_0^{+\infty} - \int_0^{+\infty} \mathrm{e}^{-\frac{r}{4h}} \mathrm{d}r \right] = 32\pi h^3,$$

由条件，$V = 32\pi h^3 - 32\pi h_1^3$，得 $h_1 = \sqrt[3]{\dfrac{V + 32\pi h^3}{32\pi}}$.

所以，火山高度变化的百分比为 $\dfrac{h_1 - h}{h} \times 100\% = \left(\sqrt[3]{\dfrac{V + 32\pi h^3}{32\pi h^3}} - 1 \right) \times 100\%$.

第 11 章　　空间解析几何与向量代数

📖 前　言

空间解析几何是用代数的方法解决空间几何问题的一个数学分支，其目的是利用代数的方法研究空间几何的一些问题，其主要内容为空间直线、平面、二次曲面、常用的一些特殊曲线和曲面的几何性质以及平面二次曲线的一般理论. 空间解析几何的基本方法包括坐标法、向量法，它们是贯穿空间解析几何基本内容的基本方法. 本章着重讨论空间直角坐标系、向量的概念及向量的运算以及空间平面与空间直线的表示等问题.

✏️ 教学知识

1. 空间直角坐标系，两点间的距离公式.
2. 向量的概念、向量的运算(加法、数乘)、数量积与向量积.
3. 平面的点法式方程和空间直线的点向式方程(标准方程)、参数方程，平面和空间直线的一般式方程.

🚩 重点难点

重点：向量的概念，向量的加法、数乘、数量积与向量积的概念，用向量的坐标表示进行向量的加法、数乘、数量积与向量积的运算，平面的点法式方程，空间直线的标准式方程.

难点：向量的概念，向量的数量积与向量积的概念与计算，利用向量的数量积与向量积去建立平面方程与空间直线方程的方法.

§11.1　空间直角坐标系

在几何学、物理学及工程技术中，往往要将一些复杂的矢量关系化简为简单的数量形式，为此需要建立直角坐标系和向量运算.

定义 11.1　过空间一个点 O，作三条相互垂直的数轴，它们都以 O 为原点，这三条数轴分别叫作 **x 轴(横轴)**、**y 轴(纵轴)** 和 **z 轴(竖轴)**.

一般地，x 轴、y 轴和 z 轴具有相同单位长度，通常将 x 轴和 y 轴放置在水平面上，那么 z 轴就垂直于水平面；它们的方向通常符合右手螺旋法则：即伸出右手，让四指与大拇指垂直，并使四指先指向 x 轴，然后让四指沿握拳方向旋转 $90°$ 指向 y 轴，此时大拇指的方向即为 z 轴方向. 这样就构成了**空间直角坐标系**，**O 称为坐标原点**(见图 11-1-1).

定义 11.2　在空间直角坐标系中，每两轴所确定的平面称为**坐标平面**，简称**坐标面**. 即

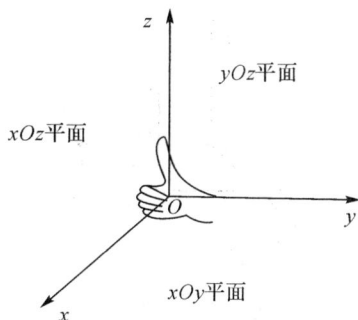

图 11-1-1

xOy 坐标面、yOz 坐标面和 zOx 坐标面.

定义 11.3　在空间直角坐标系中,坐标面把空间分为八个部分,每一个部分称为一个**卦限**.在 xOy 坐标面上方有四个卦限,下方有四个卦限.含 x 轴、y 轴和 z 轴正向的卦限称为第 Ⅰ 卦限,然后逆着轴 z 正向看时,按逆时针顺序依次为 Ⅱ、Ⅲ、Ⅳ 卦限,对于分别位于 Ⅰ、Ⅱ、Ⅲ、Ⅳ 卦限下面的四个卦限,依次为第 Ⅴ、Ⅵ、Ⅶ、Ⅷ 卦限(见图 11-1-2).

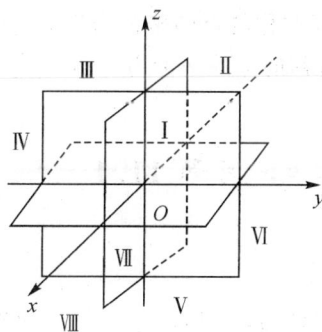

图 11-1-2

定义 11.4　设 P 为空间的任意一点,过点 P 作垂直于坐标面 xOy 的直线得垂足 P',过 P' 作分别与 x 轴、y 轴垂直且相交的直线,过 P 作与 z 轴垂直且相交的直线,依次得 x,y 和 z 轴上的三个垂足 M,N 和 R.设 x,y,z 分别是 M,N 和 R 点在数轴上的坐标.这样空间内任一点 P 就确定了唯一的一组有序的数组 x,y,z,用 (x,y,z) 表示.

反之,任给出一组有序数组 x,y 和 z,也能确定空间内唯一的一个点 P,而 x,y 和 z 恰恰是点 P 的坐标.

根据上面的法则,建立了空间一点 P 与一组有序数 (x,y,z) 之间的一一对应关系.有序数组 (x,y,z) 称为点 P 的坐标,x,y,z 分别称为 x 坐标、y 坐标和 z 坐标(见图 11-1-3).

【例 1】　说明下列各点的位置:

(1)$(-3,0,0)$;　　　　　(2)$(3,0,-7)$;　　　　　(3)$(3,2,1)$;

(4)$(-4,-3,-1)$;　　　(5)$(6,-3,2)$;　　　　　(6)$(4,-1,-7)$.

解　(1) 在 x 轴上;　　　(2) 在 xOz 面内;　　　(3) 在第 Ⅰ 卦限内;

(4) 在第 Ⅶ 卦限内;　　(5) 在第 Ⅳ 卦限内;　　(6) 在第 Ⅷ 卦限内.

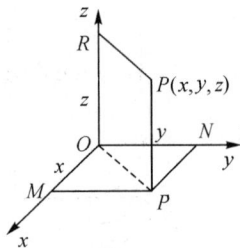

图 11-1-3

【**例 2**】 计算点 $P(x,y,z)$ 关于 x 轴、y 轴、z 轴、xOy 面、yOz 面、zOx 面及原点对称的点的坐标.

解 $P(x,y,z)$ 关于 x 轴对称的点的坐标为 $(x,-y,-z)$.

$P(x,y,z)$ 关于 y 轴对称的点的坐标为 $(-x,y,-z)$.

$P(x,y,z)$ 关于 z 轴对称的点的坐标为 $(-x,-y,z)$.

$P(x,y,z)$ 关于 xOy 面对称的点的坐标为 $(x,y,-z)$.

$P(x,y,z)$ 关于 yOz 面对称的点的坐标为 $(-x,y,z)$.

$P(x,y,z)$ 关于 zOx 面对称的点的坐标为 $(x,-y,z)$.

$P(x,y,z)$ 关于原点对称的点的坐标为 $(-x,-y,-z)$.

▶▶▶▶ 习 题 11.1 ◀◀◀◀

1. 说明下列各点的位置:

(1)$(0,0,7)$;   (2)$(0,4,-1)$;   (3)$(6,-2,-4)$;

(4)$(-3,2,-1)$;   (5)$(6,-3,2)$;   (6)$(-4,-1,7)$.

2. 计算下列各点关于 x 轴、yOz 面及原点对称的点的坐标:

(1)$(0,-2,3)$;   (2)$(4,-1,6)$;   (3)$(-1,0,-2)$.

3. 建立空间直角坐标系,并作出下列各点:

(1)$(-1,0,0)$;   (2)$(0,-1,3)$;   (3)$(1,1,2)$;

(4)$(-2,1,4)$;   (5)$(-1,-1,-2)$.

§11.2 向量及其线性运算

11.2.1 向量的线性运算

定义 11.5 既有大小又有方向的量称为**向量**(或**矢量**)

向量一般用黑体小写字母表示,如 $\boldsymbol{a},\boldsymbol{b},\boldsymbol{c}$ 等.有时也用 $\vec{a},\vec{b},\vec{c}$ 等表示向量.几何上,也常用有向线段来表示向量(见图 11-2-1),起点为 A,终点为 B 的向量记为 $\overrightarrow{AB}$.

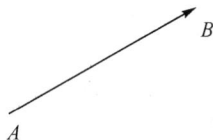

图 11-2-1

定义 11.6　向量的大小称为向量的**模**. 用 $|a|$，$|b|$，$|c|$ 或 $|\overrightarrow{AB}|$ 表示向量的模.

定义 11.7　模为 1 的向量称为**单位向量**.

定义 11.8　模为 0 的向量称为**零向量**，记为 **0**. 规定零向量的方向为任意方向.

定义 11.9　如果向量 a 和 b 的大小相等且方向相同，则称**向量 a 和 b 相等**，记为 $a = b$.

11.2.2　向量的线性运算

1. 向量的加法

向量加法的**平行四边形法则**：将向量 a 和 b 的起点放在一起，并以 a 和 b 为邻边作平行四边形，则从起点到对角顶点的向量称为向量 a 和 b 的**和向量**（如图 11-2-2），记为 $a + b$.

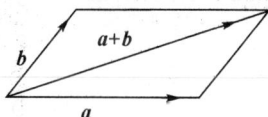

图 11-2-2

向量加法的**三角形法则**：将向量 b 的起点放到向量 a 的终点上，则以向量 a 的起点为起点，以向量 b 的终点为终点的向量称为向量 a 与 b 的**和向量**（如图 11-2-3），记为 $a + b$.

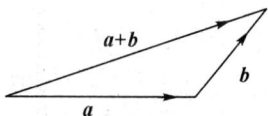

图 11-2-3

向量加法满足

交换律：$a + b = b + a$；

结合律：$(a + b) + c = a + (b + c)$.

2. 向量与数的乘法

定义 11.10　设 λ 为一实数，向量 a 与数 λ 的乘积是一个向量，记为 λa. 它平行于向量 a，即 $\lambda a \parallel a$.

规定：(1) 向量 λa 的模等于 $|\lambda|$ 与 a 的模的乘积，即 $|\lambda a| = |\lambda||a|$；

(2) 当 $\lambda > 0$ 时，λa 与 a 同向；当 $\lambda < 0$ 时，λa 与 a 反向；

(3) 当 $\lambda = 0$ 时，$\lambda a = 0$（零向量）.

向量与数的乘法满足：

结合律：$\lambda(\mu a) = (\lambda\mu)a = \mu(\lambda a)$；

分配律：$(\lambda + \mu)a = \lambda a + \mu a$，$\lambda(a + b) = \lambda a + \lambda b$；

交换律：$\lambda a = a\lambda$.

定义 11.11　设 a 是一个非零向量，则称向量 $a^0 = \dfrac{a}{|a|}$ 为与向量 a 同向的单位向量. 显然，$a = |a| a^0$，即任何非零向量都可表示为它的模与同向单位向量的乘积.

定义 11.12　当 $\lambda = -1$ 时，记 $(-1)a = -a$，则 $-a$ 与 a 的方向相反，模相等，$-a$ 称为向量 a 的负向量(或逆向量).

3. 向量的减法

向量 a 和 b 的差规定为 $a - b = a + (-b)$.

向量减法的三角形法则：把 a 和 b 的起点放在一起，即 $a - b$ 是以 b 的终点为起点，以 a 的终点为终点的方向向量(见图 11-2-4).

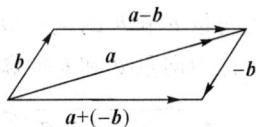

图 11-2-4

【例1】　若 a,b 均为非零向量，问它们分别具有什么特征时，下列各式成立？

(1) $|a+b| = |a-b|$；　　(2) $|a+b| = |a| - |b|$；　　(3) $\dfrac{a}{|a|} = \dfrac{b}{|b|}$.

解　(1) 当向量 a 与 b 垂直时，$|a+b| = |a-b|$.

(2) 当向量 a 与 b 反向时，$|a+b| = |a| - |b|$.

(3) 当向量 a 与 b 同向且平行时，$\dfrac{a}{|a|} = \dfrac{b}{|b|}$.

【例2】　若 $u = a + 2b - c$，$v = -2a + b - 3c$，试用 a,b,c 表示 $2u - 3v$ 和 $4u + 2v$.

解　$2u - 3v = 2(a + 2b - c) - 3(-2a + b - 3c)$

$\qquad\qquad = (2a + 4b - 2c) - (-6a + 3b - 9c)$

$\qquad\qquad = 10a + b + 7c$.

$\quad 4u + 2v = 4(a + 2b - c) + 2(-2a + b - 3c)$

$\qquad\qquad = (4a + 8b - 4c) + (-4a + 2b - 6c)$

$\qquad\qquad = 10b - 10c$.

【例3】　若 $|a| = 3$，$|b| = 4$，且 a 与 b 的夹角为 $\dfrac{\pi}{2}$，求 $|a+b|$ 和 $|a-b|$.

解　因为 a 与 b 的夹角为 $\dfrac{\pi}{2}$，

所以向量 a 与向量 b 相互垂直，根据例1的结论可知 $|a+b| = |a-b|$.

又因为 $|a| = 3$，$|b| = 4$，

所以由直角三角形边长关系知 $|a+b| = |a-b| = 5$.

▶▶▶▶ 习题 11.2 ◀◀◀◀

1. 若 a,b 均为非零向量,问它们分别具有什么特征时,下列各式成立?

(1) $|a+b|=|a|+|b|$;　　　(2) $|a-b|=|a|+|b|$.

2. 若 $u=2a+b-2c,v=a-2b+3c$,试用 a,b,c 表示 $3u-2v$ 和 $2u+4v$.

3. 若 $|a|=|b|=2$,且 a 与 b 的夹角为 $\dfrac{\pi}{3}$,求 $|a+b|$ 和 $|a-b|$.

§11.3　向量的坐标

11.3.1　向量的坐标

在给定的空间直角坐标系中,沿 x 轴、y 轴和 z 轴的正向各取一单位向量,并分别记为 i,j,k,称它们为**基本单位向量**.

1. 向径及其坐标表示

定义 11.13　起点在坐标原点 O,终点为 M 的向量 $\overrightarrow{OM}$ 称为点 M 的**向径**,记为 $\overrightarrow{OM}$.

设点 M 的坐标为 (x,y,z),过点 M 分别做 x 轴、y 轴和 z 轴的垂面,交 x 轴、y 轴和 z 轴于点 A,B 和 C(见图 11-3-1).

显然向量 $\overrightarrow{OA}=xi,\overrightarrow{OB}=yj,\overrightarrow{OC}=zk$

由向量的加法法则得 $\overrightarrow{OM}=\overrightarrow{OM'}+\overrightarrow{M'M}=(\overrightarrow{OA}+\overrightarrow{OB})+\overrightarrow{OC}=xi+yj+zk$,称其为点 $M(x,y,z)$ 的向径 $\overrightarrow{OM}$ 的**坐标表达式**,简记为

$$\overrightarrow{OM}=\{x,y,z\}.$$

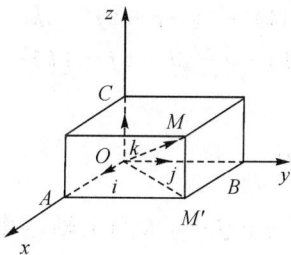

图 11-3-1

2. 向量 $\overrightarrow{M_1M_2}$ 的坐标表达式

设 $M_1(x_1,y_1,z_1),M_2(x_2,y_2,z_2)$ 为空间中两点,向径 $\overrightarrow{OM_1},\overrightarrow{OM_2}$ 的坐标表达式为 $\overrightarrow{OM_1}=x_1i+y_1j+z_1k,\overrightarrow{OM_2}=x_2i+y_2j+z_2k$,则以 M_1 为起点,以 M_2 为终点的向量

$$\overrightarrow{M_1M_2}=\overrightarrow{OM_2}-\overrightarrow{OM_1}$$

$$=(x_2i+y_2j+z_2k)-(x_1i+y_1j+z_1k)$$

$$= (x_2 - x_1)\boldsymbol{i} + (y_2 - y_1)\boldsymbol{j} + (z_2 - z_1)\boldsymbol{k},$$

即以 $M_1(x_1,y_1,z_1)$ 为起点,以 $M_2(x_2,y_2,z_2)$ 为终点的向量 $\overrightarrow{M_1M_2}$ 的坐标表达式为

$$\overrightarrow{M_1M_2} = (x_2 - x_1)\boldsymbol{i} + (y_2 - y_1)\boldsymbol{j} + (z_2 - z_1)\boldsymbol{k}.$$

3. 向量 $\boldsymbol{a} = a_1\boldsymbol{i} + a_2\boldsymbol{j} + a_3\boldsymbol{k}$ 的模

任给一向量 $\boldsymbol{a} = a_1\boldsymbol{i} + a_2\boldsymbol{j} + a_3\boldsymbol{k}$,都可将其视为以点 $M(a_1,a_2,a_3)$ 为终点的向径 $\overrightarrow{OM}$,则
$|\overrightarrow{OM}|^2 = |\overrightarrow{OA}|^2 + |\overrightarrow{OB}|^2 + |\overrightarrow{OC}|^2$,即 $|\boldsymbol{a}|^2 = |a_1|^2 + |a_2|^2 + |a_3|^2$

因此向量 $\boldsymbol{a} = a_1\boldsymbol{i} + a_2\boldsymbol{j} + a_3\boldsymbol{k}$ 的模为 $|\boldsymbol{a}| = \sqrt{a_1^2 + a_2^2 + a_3^2}$.

4. 空间两点间的距离公式

设点 $M_1(x_1,y_1,z_1)$ 与点 $M_2(x_2,y_2,z_2)$,且两点间的距离记作 $d(M_1M_2)$,则

$$d(M_1M_2) = |\overrightarrow{M_1M_2}| = \sqrt{(x_2 - x_1)^2 + (y_2 - y_1)^2 + (z_2 - z_1)^2}.$$

【例1】 (1)写出点 $A(1,3,-1)$ 的向径;(2)写出起点为 $A(1,3,-1)$,终点为 $B(3,4,0)$ 的向量的坐标表达式;(3)计算 A,B 两点间的距离.

解 (1) $\overrightarrow{OA} = \boldsymbol{i} + 3\boldsymbol{j} - \boldsymbol{k}$;

(2) $\overrightarrow{AB} = (3-1)\boldsymbol{i} + (4-3)\boldsymbol{j} + [0-(-1)]\boldsymbol{k} = 2\boldsymbol{i} + \boldsymbol{j} + \boldsymbol{k}$;

(3) $d(AB) = |\overrightarrow{AB}| = \sqrt{2^2 + 1^2 + 1^2} = \sqrt{6}$.

11.3.2 向量线性运算的坐标表示

设 $\boldsymbol{a} = a_1\boldsymbol{i} + a_2\boldsymbol{j} + a_3\boldsymbol{k}, \boldsymbol{b} = b_1\boldsymbol{i} + b_2\boldsymbol{j} + b_3\boldsymbol{k}$,则有

(1) $\boldsymbol{a} + \boldsymbol{b} = (a_1 + b_1)\boldsymbol{i} + (a_2 + b_2)\boldsymbol{j} + (a_3 + b_3)\boldsymbol{k}$;

(2) $\boldsymbol{a} - \boldsymbol{b} = (a_1 - b_1)\boldsymbol{i} + (a_2 - b_2)\boldsymbol{j} + (a_3 - b_3)\boldsymbol{k}$;

(3) $\lambda\boldsymbol{a} = \lambda(a_1\boldsymbol{i} + a_2\boldsymbol{j} + a_3\boldsymbol{k}) = \lambda a_1\boldsymbol{i} + \lambda a_2\boldsymbol{j} + \lambda a_3\boldsymbol{k}$;

(4) $\boldsymbol{a} = \boldsymbol{b} \Leftrightarrow a_1 = b_1, a_2 = b_2, a_3 = b_3$;

(5) $\boldsymbol{a} \ // \ \boldsymbol{b} \Leftrightarrow \dfrac{a_1}{b_1} = \dfrac{a_2}{b_2} = \dfrac{a_3}{b_3}$.

【例2】 设 $\boldsymbol{a} = 2\boldsymbol{i} + 3\boldsymbol{j} - 4\boldsymbol{k}, \boldsymbol{b} = -\boldsymbol{i} + 2\boldsymbol{j} - 3\boldsymbol{k}$,求 $2\boldsymbol{a} - 3\boldsymbol{b}$.

解 $2\boldsymbol{a} - 3\boldsymbol{b} = 2(2\boldsymbol{i} + 3\boldsymbol{j} - 4\boldsymbol{k}) - 3(-\boldsymbol{i} + 2\boldsymbol{j} - 3\boldsymbol{k})$
$$= (4\boldsymbol{i} + 6\boldsymbol{j} - 8\boldsymbol{k}) - (-3\boldsymbol{i} + 6\boldsymbol{j} - 9\boldsymbol{k})$$
$$= 7\boldsymbol{i} + \boldsymbol{k}.$$

11.3.3 向量的方向余弦

定义 11.14 设向量 $\boldsymbol{a} = a_1\boldsymbol{i} + a_2\boldsymbol{j} + a_3\boldsymbol{k}$ 与 x 轴、y 轴、z 轴的正向夹角分别为 α, β, γ,$(0 \leqslant \alpha, \beta, \gamma \leqslant \pi)$,称其为向量 $\boldsymbol{a}$ 的三个**方向角**,并称 $\cos\alpha, \cos\beta, \cos\gamma$ 为 $\boldsymbol{a}$ 的**方向余弦**,向量 $\boldsymbol{a}$ 的方向余弦的坐标表示为

$$\cos\alpha = \frac{a_1}{\sqrt{a_1^2 + a_2^2 + a_3^2}},$$

$$\cos\beta = \frac{a_2}{\sqrt{a_1^2 + a_2^2 + a_3^2}},$$

$$\cos\gamma = \frac{a_3}{\sqrt{a_1^2 + a_2^2 + a_3^2}},$$

并且
$$\cos^2\alpha + \cos^2\beta + \cos^2\gamma = 1.$$

【例 3】　设 $\boldsymbol{a} = \{-1, -\sqrt{2}, 1\}$，求 $\boldsymbol{a}$ 的模、$\boldsymbol{a}^0$、方向余弦及方向角.

解　因为 $\boldsymbol{a} = \{-1, -\sqrt{2}, 1\}$，

所以 $|\boldsymbol{a}| = \sqrt{(-1)^2 + (-\sqrt{2})^2 + 1^2} = 2$，

$$\boldsymbol{a}^0 = \frac{\boldsymbol{a}}{|\boldsymbol{a}|} = \frac{1}{2}\{-1, -\sqrt{2}, 1\} = \left\{-\frac{1}{2}, -\frac{\sqrt{2}}{2}, \frac{1}{2}\right\},$$

方向余弦：
$$\cos\alpha = \frac{-1}{2} = -\frac{1}{2},$$
$$\cos\beta = \frac{-\sqrt{2}}{2} = -\frac{\sqrt{2}}{2},$$
$$\cos\gamma = \frac{1}{2}.$$

方向角：$\alpha = \dfrac{2}{3}\pi, \beta = \dfrac{3}{4}\pi, \gamma = \dfrac{1}{3}\pi.$

【注意】　从本例不难发现由向量 $\boldsymbol{a}$ 的方向余弦值构成的向量就是与向量 $\boldsymbol{a}$ 同向的单位向量 $\boldsymbol{a}^0$，即

$$\boldsymbol{a}^0 = \frac{\boldsymbol{a}}{|\boldsymbol{a}|} = \frac{1}{\sqrt{a_1^2 + a_2^2 + a_3^2}}\{a_1, a_2, a_3\}$$

$$- \left\{\frac{a_1}{\sqrt{a_1^2 + a_2^2 + a_3^2}}, \frac{a_2}{\sqrt{a_1^2 + a_2^2 + a_3^2}}, \frac{a_3}{\sqrt{a_1^2 + a_2^2 + a_3^2}}\right\}$$

$$= \{\cos\alpha, \cos\beta, \cos\gamma\}.$$

▶▶▶▶ 习题 11.3 ◀◀◀◀

1. 已知三点 $A(2, -1, -2), B(1, 0, -1), C(1, 4, -2)$，求 $2\overrightarrow{AB} - 3\overrightarrow{AC}$ 及 $\overrightarrow{AB} + \overrightarrow{BC} + \overrightarrow{CA}$.

2. 设 $\boldsymbol{a} = -2\boldsymbol{i} + \boldsymbol{j} - 2\boldsymbol{k}, \boldsymbol{b} = \boldsymbol{i} + 3\boldsymbol{j} - 4\boldsymbol{k}$，求：

(1) $2\boldsymbol{a}$；　　　　　(2) $\boldsymbol{a} - \boldsymbol{b}$；　　　　　(3) $2\boldsymbol{a} + 3\boldsymbol{b}$；

(4) $|\boldsymbol{a}|$；　　　　　(5) $|3\boldsymbol{a} - 2\boldsymbol{b}|$.

3. 已知两点 $A(3, -3, 0), B(-2, 0, -1)$，求与 $\overrightarrow{AB}$ 同向的单位向量.

4. 设 $\boldsymbol{a} = \{\sqrt{2}, -1, -1\}$，求 $\boldsymbol{a}$ 的模、方向余弦及方向角.

§11.4　向量的数量积与向量积

11.4.1　向量的数量积

1. 数量积的定义

一般地，两向量 $\boldsymbol{a}, \boldsymbol{b}$ 的夹角是指它们的起点放在同一点时，两向量所夹的不大于 π 的

角,通常记为$(\overset{\wedge}{a,b})$.

设向量a,b之间的夹角为$\theta(0 \leqslant \theta \leqslant \pi)$,则称$|a||b|\cos\theta$为向量$a$与$b$的数量积(或称为点积),记作$a \cdot b$,即

$$a \cdot b = |a||b|\cos\theta.$$

特别地,当$a = b$时,

$$a \cdot a = |a||a|\cos 0 = |a|^2.$$

【例1】 已知基本单位向量i,j,k是三个相互垂直的单位向量,求证:

$$i \cdot i = j \cdot j = k \cdot k = 1; i \cdot j = j \cdot k = k \cdot i = 0.$$

证明 因为$|i| = |j| = |k| = 1$,所以$i \cdot i = |i||i|\cos\theta = 1$ $(\theta = 0)$.

同理可知:$j \cdot j = k \cdot k = 1$;

又因为i,j,k之间的夹角皆为$\dfrac{\pi}{2}$,故有

$$i \cdot j = |i||j| = \cos\frac{\pi}{2} = 1 \cdot 1 \cdot 0 = 0,同理可知j \cdot k = k \cdot i = 0.$$

2. 数量积的运算规律

两个向量的数量积满足下列运算规律:

交换律:$a \cdot b = b \cdot a$;

分配律:$(a + b) \cdot c = a \cdot c + b \cdot c$;

结合律:$\lambda(a \cdot b) = (\lambda a) \cdot b = a \cdot (\lambda b)$(其中$\lambda$为常数).

3. 数量积的坐标表达式

$a = a_1 i + a_2 j + a_3 k, b = b_1 i + b_2 j + b_3 k$,则

$$\begin{aligned}
a \cdot b &= (a_1 i + a_2 j + a_3 k) \cdot (b_1 i + b_2 j + b_3 k)\\
&= a_1 b_1 i \cdot i + a_1 b_2 i \cdot j + a_1 b_3 i \cdot k + a_2 b_1 j \cdot i + a_2 b_2 j \cdot j + a_2 b_3 j \cdot k\\
&\quad + a_3 b_1 k \cdot i + a_3 b_2 k \cdot j + a_3 b_3 k \cdot k\\
&= a_1 b_1 + a_2 b_2 + a_3 b_3.
\end{aligned}$$

由数量积的定义可知,向量a,b的夹角的余弦为

$$\cos(\overset{\wedge}{a,b}) = \frac{a \cdot b}{|a||b|} \qquad (|a| \neq 0, |b| \neq 0)$$

$$= \frac{a_1 b_1 + a_2 b_2 + a_3 b_3}{\sqrt{a_1^2 + a_2^2 + a_3^2}\sqrt{b_1^2 + b_2^2 + b_3^2}}$$

定理 11.1 两个非零向量a,b垂直的充要条件是$a \cdot b = 0$.

【例2】 设$a = \{1, -2, -3\}, b = \{\sqrt{2}, 0, -2\}$,求$a \cdot b$.

解 $a \cdot b = 1 \times \sqrt{2} + (-2) \times 0 + (-3) \times (-2) = \sqrt{2} + 6$.

【例3】 已知三点$A(-2, -2, -2)$、$B(-1, -1, -2)$、$C(-1, -2, -1)$,求$\overrightarrow{AB}$与$\overrightarrow{AC}$的夹角.

解 因为$\overrightarrow{AB} = \{1, 1, 0\}, \overrightarrow{AC} = \{1, 0, 1\}$,

$\overrightarrow{AB} \cdot \overrightarrow{AC} = 1 \times 1 + 1 \times 0 + 0 \times 1 = 1$,

$|\overrightarrow{AB}| = \sqrt{2}, |\overrightarrow{AC}| = \sqrt{2}$,

$$\cos(\overrightarrow{AB}, \overrightarrow{AC}) = \frac{1}{\sqrt{2}\sqrt{2}} = \frac{1}{2},$$

所以 $\overrightarrow{AB}$ 与 $\overrightarrow{AC}$ 的夹角为 $(\overrightarrow{AB}, \overrightarrow{AC}) = \frac{\pi}{3}$.

11.4.2　向量的向量积

1. 向量积的定义

两个向量 a 和 b 的向量积(或称为叉积)是一个向量,记作 $a \times b$,
并由下述规则确定:

(1) $|a \times b| = |a||b|\sin\theta$ (其中 θ 为向量 a, b 的夹角);

(2) $a \times b$ 的方向为既垂直于 a 又垂直于 b,并且按顺序 a, b, $a \times b$ 符合右手法则(如图 11-4-1).

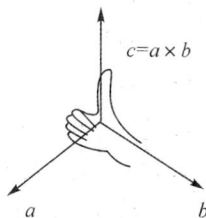

图 11-4-1

若把向量 a, b 的起点放在一起,并以 a, b 为邻边作平行四边形,则向量 a 和 b 的向量积的模

$$|a \times b| = |a||b|\sin\theta$$

即为该平行四边形的面积(如图 11-4-2).

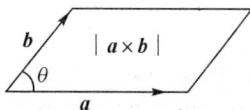

图 11-4-2

【例 4】　证明 $i \times i = j \times j = k \times k = 0$; $i \times j = k$; $j \times k = i$; $j \times i = k$.

证明　因为 $|i| = |j| = |k| = 1$, 所以大小: $|i \times i| = |i||i|\sin 0 = 0$, 即 $i \times i = \mathbf{0}$.

同理可知: $j \times j = k \times k = \mathbf{0}$;

又因为 i, j, k 之间的夹角皆为 $\frac{\pi}{2}$,

所以大小: $|i \times j| = |i||j|\sin\frac{\pi}{2} = 1 \cdot 1 \cdot 1 = 1$, 方向朝上, 即 $i \times j = k$.

同理可知 $j \times k = i$, $j \times i = k$.

定理 11.2　两个非零向量 a, b 平行的充要条件是 $a \times b = \mathbf{0}$.

2. 向量积的运算规律

两个向量的向量积满足下列运算规律:

反交换律：$a \times b = -b \times a$；

分配律：$(a + b) \times c = a \times c + b \times c$；

$\qquad (b + c) \times a = b \times a + c \times a$；

结合律：$\lambda(a \times b) = (\lambda a) \times b = a \times (\lambda b)$（其中 λ 为常数）.

3. 向量积的坐标表达式

设 $a = a_1 i + a_2 j + a_3 k$，$b = b_1 i + b_2 j + b_3 k$，则

$$
\begin{aligned}
a \times b &= (a_1 i + a_2 j + a_3 k) \times (b_1 i + b_2 j + b_3 k) \\
&= a_1 b_1 i \times i + a_1 b_2 i \times j + a_1 b_3 i \times k + a_2 b_1 j \times i + a_2 b_2 j \times j + a_2 b_3 j \times k \\
&\quad + a_3 b_1 k \times i + a_3 b_2 k \times j + a_3 b_3 k \times k \\
&= (a_2 b_3 - a_3 b_2) i - (a_1 b_3 - a_3 b_1) j + (a_1 b_2 - a_2 b_1) k.
\end{aligned}
$$

可将 $a \times b$ 表示成一个三阶行列式的形式，计算时只需将其按第一行展开即可.

$$
\begin{aligned}
a \times b &= \begin{vmatrix} i & j & k \\ a_1 & a_2 & a_3 \\ b_1 & b_2 & b_3 \end{vmatrix} \\
&= \begin{vmatrix} a_2 & a_3 \\ b_2 & b_3 \end{vmatrix} i - \begin{vmatrix} a_1 & a_3 \\ b_1 & b_3 \end{vmatrix} j + \begin{vmatrix} a_1 & a_2 \\ b_1 & b_2 \end{vmatrix} k \\
&= (a_2 b_3 - a_3 b_2) i - (a_1 b_3 - a_3 b_1) j + (a_1 b_2 - a_2 b_1) k.
\end{aligned}
$$

【例4】 设 $a = i + 2j - k$，$b = 2j + 3k$，求 $a \times b$ 及 $|a \times b|$.

解 $\quad a \times b = \begin{vmatrix} i & j & k \\ 1 & 2 & -1 \\ 0 & 2 & 3 \end{vmatrix}$

$$
\begin{aligned}
&= \begin{vmatrix} 2 & -1 \\ 2 & 3 \end{vmatrix} i - \begin{vmatrix} 1 & -1 \\ 0 & 3 \end{vmatrix} j + \begin{vmatrix} 1 & 2 \\ 0 & 2 \end{vmatrix} k \\
&= 8i - 3j + 2k,
\end{aligned}
$$

$|a \times b| = \sqrt{8^2 + (-3)^2 + 2^2} = \sqrt{77}$.

【例5】 求同时垂直于向量 $a = -3i + 2j + k$ 及 x 轴的单位向量.

解 $\quad$ 因为 $a = -3i + 2j + k = \{-3, 2, 1\}$，$i = \{1, 0, 0\}$，

所以 $a \times i = \begin{vmatrix} i & j & k. \\ -3 & 2 & 1 \\ 1 & 0 & 0 \end{vmatrix} = \{0, 1, -2\}$，$|a \times i| = \sqrt{5}$.

所以，同时垂直于 a 和 x 轴的单位向量

$$
\begin{aligned}
c &= \pm \frac{a \times i}{|a \times i|} = \pm \frac{1}{\sqrt{5}} \{0, 1, -2\} \\
&= \pm \left\{ 0, \frac{\sqrt{5}}{5}, -\frac{2\sqrt{5}}{5} \right\}.
\end{aligned}
$$

【例6】 已知三角形的顶点为 $A(-1, 2, 3)$，$B(0, 1, 5)$，$C(1, 0, 5)$，求三角形 ABC 的面积.

解 $\quad \overrightarrow{AB} = \{1, -1, 2\}$，$\overrightarrow{AC} = \{2, -2, 2\}$，

$$\overrightarrow{AB} \times \overrightarrow{AC} = \begin{vmatrix} i & j & k \\ 1 & -1 & 2 \\ 2 & -2 & 2 \end{vmatrix} = \{2,2,0\},$$

$$|\overrightarrow{AB} \times \overrightarrow{AC}| = 2\sqrt{2}.$$

根据向量积模的几何意义知：$|\overrightarrow{AB} \times \overrightarrow{AC}|$ 表示以 $\overrightarrow{AB}$ 和 $\overrightarrow{AC}$ 为邻边的平行四边形的面积,故三角形的面积为

$$S_{\triangle ABC} = \frac{1}{2} |\overrightarrow{AB} \times \overrightarrow{AC}| = \frac{1}{2} \times 2\sqrt{2} = \sqrt{2}.$$

▶▶▶▶ 习题 11.4 ◀◀◀◀

1. 设 $a = \{2,-1,5\}, b = \{-1,2,-3\}$,求 $a \cdot b$ 及 $a \times b$.

2. 求同时垂直于向量 $a = -5i + 2j - 3k$ 和向量 $b = -3i + 2j - 2k$ 的单位向量.

3. 设点 $A(0,0,0), B(10,5,10), C(-2,1,3), D(0,-1,2)$ 求 $\overrightarrow{AB}$ 与 $\overrightarrow{CD}$ 的夹角.

4. 已知三角形的顶点为 $A(-1,2,3), B(1,0,4), C(1,1,3)$,求三角形的面积.

§11.5　平面及其方程

11.5.1　平面的点法式方程

定义 11.15　如果一非零向量 n 垂直于平面 π,则称此向量为该平面的法向量.

【问题】　设平面 π 过点 $M_0(x_0,y_0,z_0)$,以 $n = \{A,B,C\}$ 为其一法向量,求平面 π 的方程.

答　过点 $M_0(x_0,y_0,z_0)$,以 $n = \{A,B,C\}$ 为法向量的点法式平面方程为

$$A(x - x_0) + B(y - y_0) + C(z - z_0) = 0 \quad (A,B,C \text{ 至少有一个不为零}).$$

11.5.2　平面的一般式方程

以 $n = \{A,B,C\}$ 为法向量的一般式平面方程为

$$Ax + By + Cz + D = 0 \quad (A,B,C \text{ 至少有一个不为零}).$$

11.5.3　两个平面的位置关系

设两个平面 π_1 与 π_2 的方程分别为

$$\pi_1 : A_1 x + B_1 y + C_1 z + D_1 = 0,$$
$$\pi_2 : A_2 x + B_2 y + C_2 z + D_2 = 0,$$

其法向量分别为 $n_1 = \{A_1,B_1,C_1\}, n_2 = \{A_2,B_2,C_2\}$,有如下结论：

(1) $\pi_1 \perp \pi_2 \Leftrightarrow n_1 \perp n_2 \Leftrightarrow A_1 A_2 + B_1 B_2 + C_1 C_2 = 0$;

(2)$\pi_1 \parallel \pi_2 \Leftrightarrow \boldsymbol{n}_1 \parallel \boldsymbol{n}_2 \Leftrightarrow \dfrac{A_1}{A_2} = \dfrac{B_1}{B_2} = \dfrac{C_1}{C_2} \neq \dfrac{D_1}{D_2}$;

(3)π_1 与 π_2 重合 $\Leftrightarrow \dfrac{A_1}{A_2} = \dfrac{B_1}{B_2} = \dfrac{C_1}{C_2} = \dfrac{D_1}{D_2}$.

(4) 平面 π_1 与 π_2 的夹角 θ,即为两个平面法向量夹角,其公式为

$$\cos\theta = \frac{|\boldsymbol{n}_1 \cdot \boldsymbol{n}_2|}{|\boldsymbol{n}_1||\boldsymbol{n}_2|} = \frac{|A_1A_2 + B_1B_2 + C_1C_2|}{\sqrt{A_1^2+B_1^2+C_1^2}\sqrt{A_2^2+B_2^2+C_2^2}} \qquad (0 \leqslant \theta \leqslant \frac{\pi}{2}).$$

(5) 点 $P_1(x_1,y_1,z_1)$ 到平面 $\pi:Ax+By+Cz+D=0$ 的距离公式为

$$d = \frac{|Ax_1 + By_1 + Cz_1 + D|}{\sqrt{A^2+B^2+C^2}}.$$

【例1】 求由点 $A(1,0,0),B(0,1,0),C(0,0,1)$ 所确定的平面方程.

解　$\boldsymbol{n} = \overrightarrow{AB} \times \overrightarrow{AC} = \begin{vmatrix} \boldsymbol{i} & \boldsymbol{j} & \boldsymbol{k} \\ -1 & 1 & 0 \\ -1 & 0 & 1 \end{vmatrix} = \boldsymbol{i} + \boldsymbol{j} + \boldsymbol{k}$,

向量 $\boldsymbol{n}$ 与平面垂直,所以它是所求平面的一个法向量.

过点 $A(1,0,0)$,且以 $\boldsymbol{n} = \boldsymbol{i} + \boldsymbol{j} + \boldsymbol{k}$ 为法向量的平面方程为

$$1 \cdot (x-1) + 1 \cdot (y-0) + 1 \cdot (z-0) = 0,$$

整理得　　　　　　　　　$x + y + z = 1$.

【例2】 求过点 $O(0,0,0),B_1(0,0,1),B_2(0,1,1)$ 的平面方程.

解　点 $O(0,0,0),B_1(0,0,1),B_2(0,1,1)$ 不在一直线上,所以,这三点唯一确定一平面,令所求平面方程为

$$Ax + By + Cz + D = 0,$$

将三点坐标分别代入上式得 $\begin{cases} A0 + B0 + C0 + D = 0 \\ A0 + B0 + C1 + D = 0 \\ A0 + B1 + C1 + D = 0 \end{cases}$.

由方程组得 $D = 0$, $C = 0$, $B = 0$,于是得 $Ax = 0(A \neq 0)$,即 $x = 0$ 为所求平面方程,且 yOz 面的方程即为 $x = 0$.

【例3】 描绘出下列平面方程所代表的平面.

(1)$x = 2$;　　　　　　　　　　　　　(2)$z = 1$;

(3)$\dfrac{x}{a} + \dfrac{y}{b} + \dfrac{z}{c} = 1(a,b,c$ 均不为 $0)$;　(4)$x + y = 1$;

解

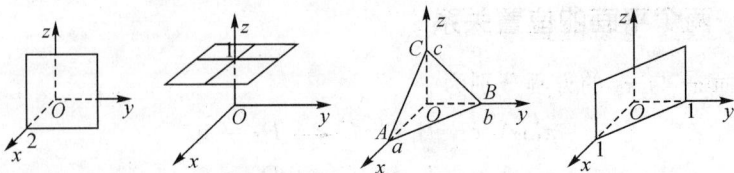

【例4】 求平行于 y 轴,且过点 $A(1,-5,1)$ 与 $B(3,2,-3)$ 的平面方程.

解　利用向量运算的方法,关键是求出平面的法向量 $\boldsymbol{n}$. 因为平面平行于 y 轴,所以 $\boldsymbol{n}$

$\perp j$. 又因为平面过点 A 与 B, 所以必有 $n \perp \overrightarrow{AB}$. 于是, 取 $n = j \times \overrightarrow{AB}$,

而 $\overrightarrow{AB} = \{2, 7, -4\}$, 所以 $n = \begin{vmatrix} i & j & k \\ 0 & 1 & 0 \\ 2 & 7 & -4 \end{vmatrix} = -4i - 2k$,

因此, 由平面的点法式方程, 得 $-4(x-1) + 0(y+5) - 2(z-1) = 0$,

即 $2x + z - 3 = 0$.

【方法总结】　求平面方程, 在已知一给定点的条件下, 关键是求出平面的法线向量. 这要以两向量的点积和叉积的运算为基础. 另外, 求平面方程的方法往往不是一种, 可灵活运用已给的条件, 选择一种比较简单的方法, 求出平面方程.

▶▶▶▶ 习题 11.5 ◀◀◀◀

1. 求过点 $M_0(1, 2, 3)$ 且以 $n = \{2, 2, 1\}$ 为法向量的平面方程.

2. 求过点 $A(0, 0, 2)$ 且与平面 $4x + 5y + 2z - 1 = 0$ 平行的平面方程.

3. 求过三点 $A(2, 0, 0), B(0, 2, 0), C(0, 0, 2)$ 的平面方程.

4. 试求经过点 $P(1, 2, 3)$ 和 x 轴的平面方程.

5. 求过 $P(2, -2, 2)$ 且垂直于平面 $x - y - z + 2 = 0$ 和 $2x + y + z + 3 = 0$ 的平面方程.

§11.6　空间直线及其方程

11.6.1　直线的点向式方程

定义 11.16　如果一个非零向量 s 平行于直线 L, 则称 s 为直线 L 的方向向量.

【问题】　设直线 L 过点 $M_0(x_0, y_0, z_0)$ 且以 $s = \{a, b, c\}$ 为方向向量, 求直线 L 的方程.

答　设直线 L 过点 $M_0(x_0, y_0, z_0)$ 且以 $s = \{a, b, c\}$ 为方向向量, 则直线 L 的点向式方程为

$$\frac{x - x_0}{a} = \frac{y - y_0}{b} = \frac{z - z_0}{c}.$$

11.6.2　直线的参数式方程

设直线 L 过点 $M_0(x_0, y_0, z_0)$ 且以 $s = \{a, b, c\}$ 为方向向量, 则直线 L 的参数方程为

$$\begin{cases} x = x_0 + at \\ y = y_0 + bt \\ z = z_0 + ct \end{cases},$$

其中 t 为参数.

11.6.3 直线的一般式方程

若直线 L 作为平面 $A_1 x + B_1 y + C_1 z + D_1 = 0$ 和平面 $A_2 x + B_2 y + C_2 z + D_2 = 0$ 的交线, 则该直线 L 的一般式方程为

$$\begin{cases} A_1 x + B_1 y + C_1 z + D_1 = 0 \\ A_2 x + B_2 y + C_2 z + D_2 = 0 \end{cases},$$

其中 $\{A_1, B_1, C_1\}$ 与 $\{A_2, B_2, C_2\}$ 不成比例.

11.6.4 两条直线的位置关系

设直线 L_1 与 L_2 的标准方程分别为

$$L_1 : \frac{x - x_1}{a_1} = \frac{y - y_1}{b_1} = \frac{z - z_1}{c_1},$$

$$L_2 : \frac{x - x_2}{a_2} = \frac{y - y_2}{b_2} = \frac{z - z_2}{c_2},$$

其方向向量分别为 $\boldsymbol{s}_1 = \{a_1, b_1, c_1\}, \boldsymbol{s}_2 = \{a_1, b_1, c_1\}$, 则有

$(1) L_1 \parallel L_2 \Leftrightarrow \boldsymbol{s}_1 \parallel \boldsymbol{s}_2 \Leftrightarrow \dfrac{a_1}{a_2} = \dfrac{b_1}{b_2} = \dfrac{c_1}{c_2}$;

$(2) L_1 \perp L_2 \Leftrightarrow \boldsymbol{s}_1 \perp \boldsymbol{s}_2 \Leftrightarrow a_1 a_2 + b_1 b_2 + c_1 c_2 = 0$.

11.6.5 直线与平面的位置关系

直线与它在平面上的投影线间的夹角 $\theta \left(0 \leqslant \theta \leqslant \dfrac{\pi}{2} \right)$, 称为直线与平面的夹角.

设直线 L 和平面 π 的方程分别为

$$L : \frac{x - x_0}{a} = \frac{y - y_0}{b} = \frac{z - z_0}{c},$$

$$\pi : Ax + By + Cz + D = 0,$$

则直线 L 的方向向量为 $\boldsymbol{s} = \{a, b, c\}$, 平面 π 的法向量为 $\boldsymbol{n} = \{A, B, C\}$, 向量 $\boldsymbol{s}$ 与向量 $\boldsymbol{n}$ 间的夹角为 ϕ, 于是 $\phi = \dfrac{\pi}{2} - \theta \left(或 \ \phi = \theta - \dfrac{\pi}{2} \right)$, 所以

$$\sin \phi = |\cos \theta| = \frac{|\boldsymbol{s} \cdot \boldsymbol{n}|}{|\boldsymbol{s}||\boldsymbol{n}|} = \frac{|aA + bB + cC|}{\sqrt{a^2 + b^2 + c^2} \cdot \sqrt{A^2 + B^2 + C^2}}.$$

由此可知: $\pi_1 \parallel \pi_2 \Leftrightarrow L_1 \perp L_2 \Leftrightarrow \boldsymbol{s}_1 \perp \boldsymbol{s}_2$.

(1) L 在 π 内 $\Leftrightarrow \boldsymbol{s} \perp \boldsymbol{n}$(或 $aA + bB + cC = 0$)且 $M_0(x_0, y_0, z_0)$ 既在 L 上, 又在 π 内;

(2) $L \parallel \pi \Leftrightarrow \boldsymbol{s} \perp \boldsymbol{n}$(或 $aA + bB + cC = 0$)且 $M_0(x_0, y_0, z_0)$ 在 L 上, 而不在 π 内;

(3) $L \perp \pi \Leftrightarrow \boldsymbol{s} \parallel \boldsymbol{n} \Leftrightarrow \dfrac{a}{A} = \dfrac{b}{B} = \dfrac{c}{C}$.

【例 1】 求过两点 $M_1(1, 1, 1), M_2(3, 2, 3)$ 的直线 L 的方程.

解 直线 L 的方向向量

$$\boldsymbol{s} = \overrightarrow{M_1 M_2} = \{3 - 1, 2 - 1, 3 - 1\} = \{2, 1, 2\},$$

因此,过点 $M_1(1,1,1)$,且以 $s=\{2,1,2\}$ 为方向向量的直线 L 的方程为

$$\frac{x-1}{2}=\frac{y-1}{1}=\frac{z-1}{2}.$$

【例 2】　求过点 $(1,-2,1)$ 且垂直于直线 $\begin{cases} x-2y+z-3=0 \\ x+y-z+2=0 \end{cases}$ 的平面方程.

解　已知直线的方向向量为 $s=\{1,-2,1\}\times\{1,1,-1\}=\begin{vmatrix} i & j & k \\ 1 & -2 & 1 \\ 1 & 1 & -1 \end{vmatrix}=\{1,2,3\}$,

由于平面与该直线垂直,故可取平面的法向量 n 为该方向向量 s,即 $n=s=\{1,2,3\}$,
由点法式得平面方程 $x-1+2(y+2)+3(z-1)=0$,即 $x+2y+3z=0$.

【例 3】　求过点 $M_0(-1,2,1)$ 且与两平面 $\pi_1:x+y-2z=1$ 和 $\pi_2:x+2y-z=1$ 平行的直线方程.

解　设所求直线的方向向量为 $s=\{m,n,p\}$, $n_1=\{1,1,-2\}$, $n_2=\{1,2,-1\}$,
因为所求直线 L 与 π_1,π_2 平行,所以 $s\perp n_1,s\perp n_2$,

取 $s=n_1\times n_2=\{1,1,-2\}\times\{1,2,-1\}=\begin{vmatrix} i & i & k \\ 1 & 1 & -2 \\ 1 & 2 & -1 \end{vmatrix}=3i-j+k=\{3,-1,1\}$,

故所求直线的方程为 $\dfrac{x+1}{3}=\dfrac{y-2}{-1}=z-1$.

【方法总结】　求直线方程,在已知一给定点的条件下,关键是求出直线的方向向量.这要以两向量的点积和叉积的运算为基础.另外,求直线方程的方法往往不是一种,可灵活运用已给的条件,选择一种比较简单的方法,求出直线方程.

【结束语】　空间解析几何是用代数的方法解决空间几何问题的一个数学分支,它利用代数方法研究空间直线、平面、二次曲面、常用的一些特殊曲线和曲面的几何性质以及平面二次曲线的一般理论.其主要任务是通过对解析几何的基本知识和基本方法的学习,培养学生运用解析几何的知识和方法解决几何问题的能力、空间想象的能力,以及在实际问题中运用解析几何知识和方法的能力.空间解析几何是研究数学其他分支、力学、物理学和其他自然科学必不可少的数学工具,为许多抽象的、高维的数学问题提供形象的几何模型与背景.事实上,掌握好多元函数的微积分就需要一定的空间解析几何知识.

▶▶▶▶ 习题 11.6 ◀◀◀◀

1. 求过点 $M_0(1,2,1)$ 且以 $s=\{4,3,2\}$ 为方向向量的直线方程.

2. 求过两点 $A(5,4,5),B(2,1,3)$ 的直线方程.

3. 讨论直线 $L:\dfrac{x}{2}=\dfrac{y-2}{5}=\dfrac{z-6}{3}$ 和平面 $\pi:15x-9y+5z-12$ 的位置关系.

4. 求直线 $\begin{cases} x+y+z=1, \\ 2x-y+3z=0 \end{cases}$ 的点向式方程.

5. 设平面 π_1 的方程为 $2x-y+2z+1=0$,平面 π_2 的方程为 $x-y+5=0$,求 π_1 与

π_2 的夹角.

高 数 小 知 识

常见二次曲面

高数小知识

在空间直角坐标系 $Oxyz$ 下,如果:(1) 曲面 S 上的每一点的坐标 $M(x,y,z)$ 都满足方程 $F(x,y,z)=0$;(2) 不在曲面 S 上的点的坐标都不满足方程 $F(x,y,z)=0$,则称方程 $F(x,y,z)=0$ 为曲面 S 的方程,而曲面 S 叫作方程 $F(x,y,z)=0$ 的图形.

在空间直角坐标系中,如果 $F(x,y,z)=0$ 是二次方程,则它的图形称为二次曲面.下面给出几种常见的二次曲面方程.

(1) 球面方程

以 $P_0(x_0,y_0,z_0)$ 为球心,R 为球半径的球面方程为
$$(x-x_0)^2+(y-y_0)^2+(z-z_0)^2=R^2.$$
特别地,球心为 O,半径为 R 的球面方程为
$$x^2+y^2+z^2=R^2.$$

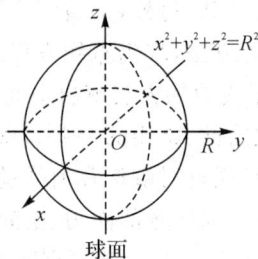

球面

(2) 圆柱面方程

直线 L 绕定曲线平行移动所形成的曲面称为**柱面**. 定曲线 C 称为**柱面的准线**,动直线 L 称为**柱面的母线**. 比如,一个圆柱面的母线平行于 z 轴,准线 C 是在 xOy 坐标面上的以原点为圆心、R 为半径的圆,即准线 C 在 xOy 坐标面上的方程为 $x^2+y^2=R^2$,其圆柱面方程为

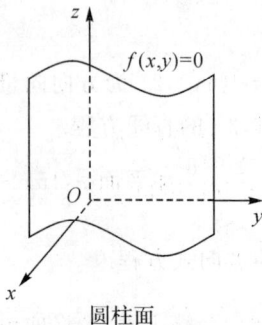

圆柱面

$$x^2 + y^2 = R^2.$$

（3）圆锥面方程

如果二次曲面方程可化为左边是一个变量的平方，右边是系数相等且大于 0 的另两个变量的平方的线性组合，则该二次曲面表示的是一个**圆锥面**. 比如，方程

$$z^2 = x^2 + y^2$$

表示 yOz 坐标面上的直线 $\begin{cases} z = y \\ x = 0 \end{cases}$ 绕 z 轴旋转一周得到的圆锥面. 一般地，顶点在原点，对称轴为 z 轴的圆锥面方程为 $z^2 = k^2(x^2 + y^2)(k \neq 0$ 为常数$)$.

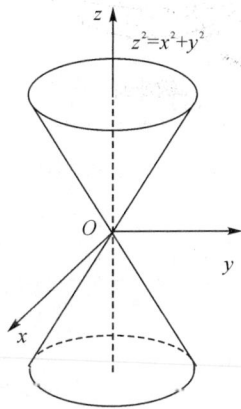

圆锥面

（4）椭圆抛物面方程

顶点为 O，开口与 z 轴的正向同向的椭圆抛物面方程为

$$z = \frac{x^2}{a^2} + \frac{y^2}{b^2}(a > 0, b > 0) \text{ 或} \frac{x^2}{a^2} + \frac{y^2}{b^2} = 2pz \ (a > 0, b > 0, p > 0).$$

当 $a = b$ 时，原方程化为 $x^2 + y^2 = 2qz(q > 0$，其中 $q = a^2 p)$，它由抛物线绕 z 轴旋转而成，称为旋转抛物面.

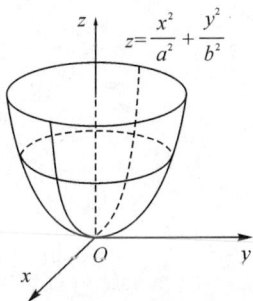

椭圆抛物面

一般地，如果二次曲面方程可化为左边是一个变量的一次项，右边是系数符号相同的另两个变量的平方的线性组合，则该二次曲面表示的是一个椭圆抛物面.

（5）椭球面方程

中心为 O，x 轴、y 轴和 z 轴的正半轴上的截距分别为 a, b 和 c 的椭球面方程为

$$\frac{x^2}{a^2} + \frac{y^2}{b^2} + \frac{z^2}{c^2} = 1 \quad (a > 0, b > 0, c > 0).$$

特别地，$a = b = c$，上述方程表示一个球面．一般地，如果二次曲面方程可化为左边是系数大于 0 的 x^2, y^2 和 z^2 的线性组合，右边是 1，则该二次曲面表示的是一个椭球面．

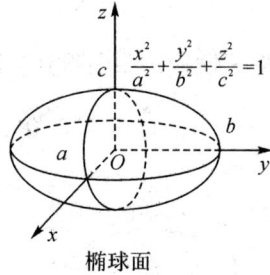

椭球面

习题参考答案

习题 7.1

1. (1) 一阶　　(2) 二阶　　(3) 三阶　　(4) 一阶　　(5) 五阶　　(6) 五阶

2. (1) 是　　　(2) 是　　　(3) 否　　　(4) 是

3. (1) $y = \ln |x| C$　　　　　　　　(2) $y = \dfrac{3}{2}x^2 + 2$

4. 是

5. $y = x^3 + 1$

习题 7.2

1. (1) 否　　　　　　　(2) 是　　　　　(3) 否　　　　　(4) 否

2. (1) $\dfrac{1}{3}x^3 + \dfrac{1}{y} = C$　　　　　(2) $y = Ce^{\arcsin x}$

　　(3) $y = Ce^{x + \frac{1}{2}x^2 + \frac{1}{3}x^3}$　　　　　(4) $e^y = \dfrac{1}{2}e^{2x} + e - \dfrac{1}{2}$

　　(5) $\dfrac{3}{2}x^2 + \dfrac{1}{y} = \dfrac{5}{2}$

3. (1) $y = -e^{-2x} + Ce^{-x}$　　　　　(2) $y = \dfrac{1}{x}(-\cos x + \pi - 1)$

习题 7.3

1. (1) $y = C_1 e^x + C_2 e^{-3x}$　　　　　(2) $y = C_1 + C_2 e^{3x}$

　　(3) $y = C_1 \cos 3x + C_2 \sin 3x$　　　　　(4) $y = C_1 e^{-x} + C_2 e^{4x}$

　　(5) $y = e^{-3x}(C_1 \cos x + C_2 \sin x)$　　　　　(6) $y = (C_1 + C_2 x)e^{5x}$

2. (1) $y = e^x + 5e^{4x}$　　　　　(2) $y = 4e^{2x} - e^{3x}$

习题 7.4

1. (1) $y = C_1 e^{-x} + C_2 e^{2x} - \dfrac{1}{2}$

　　(2) $y = (C_1 + C_2 x)e^{2x} + e^x$

　　(3) $y = C_1 \cos x + C_2 \sin x + \dfrac{1}{2}x^2 - \dfrac{1}{4}$

2. (1) $y = C_1 + C_2 e^{-2x} + \sin x$　　　　　(2) $y = (C_1 + C_2 x)e^{3x} + (x + 2)e^{2x}$

习题 8.1

1. (1) B　　　　　(2) C

2. (1) 2　　　　　(2) 0

　　(3) $\dfrac{1}{(n+1)(n+2)^{n+1}}$　　　　　(4) $|q| < 1, \ |q| \geqslant 1$

· 115 ·

3.（1）收敛　　　　（2）发散

4.（1）发散　　（2）收敛　　（3）发散　　（4）收敛　　（5）收敛　　（6）发散

习题 8.2

1.（1）$p > 1, 0 < p \leqslant 1$　　　　　　　　　（2）$\rho < 1, \rho > 1, \rho = 1$

2.（1）B　　（2）A

3.（1）收敛　　（2）发散　　（3）收敛

4.（1）发散　　（2）收敛

5.（1）条件收敛　　（2）绝对收敛　　（3）绝对收敛

　（4）条件收敛　　（5）绝对收敛　　（6）条件收敛

习题 8.3

1.（1）收敛　　（2）3　　（3）$\left(-\dfrac{1}{3}, \dfrac{1}{3}\right)$

2.（1）$R = 1$，收敛区间$(-1, 1)$　　　　　（2）$R = 1$，收敛区间$(-1, 1)$

　（3）$R = 1$，收敛区间$(-2, 2)$　　　　　（4）$R = 1$，收敛区间$(-1, 1)$

3. 收敛域$(-\sqrt{5}, \sqrt{5})$

4.（1）$S(x) = \dfrac{1}{(1-x)^2}$　　　　　　　（2）$S(x) = \dfrac{1}{2} \ln \left| \dfrac{1+x}{1-x} \right|$

习题 8.4

1.（1）$\ln(1-x) = -x - \dfrac{x^2}{2} - \dfrac{x^3}{3} - \cdots - \dfrac{x^{n+1}}{n+1} + \cdots, (-1 \leqslant x < 1)$

　（2）$2^x = e^{x\ln 2} = 1 + \dfrac{x\ln 2}{1!} + \dfrac{(x\ln 2)^2}{2!} + \cdots + \dfrac{(x\ln 2)^n}{n!} + \cdots, (-\infty < x < +\infty)$

2. $f(x) = \dfrac{1}{1+x} \displaystyle\sum_{n=0}^{\infty} (-1)^n \left(\dfrac{x-1}{2}\right)^n = \sum_{n=0}^{\infty} \left(-\dfrac{1}{2}\right)^n (x-1)^n, \ (-1 < x < 3)$

3. $f(x) = \cos x = \cos\left(x + \dfrac{\pi}{4} - \dfrac{\pi}{4}\right)$

$= \cos\left(x + \dfrac{\pi}{4}\right)\cos\dfrac{\pi}{4} + \sin\left(x + \dfrac{\pi}{4}\right)\sin\dfrac{\pi}{4}$

$= \dfrac{\sqrt{2}}{2}\left[\cos\left(x + \dfrac{\pi}{4}\right) + \sin\left(x + \dfrac{\pi}{4}\right)\right]$

$= \dfrac{\sqrt{2}}{2}\displaystyle\sum_{n=1}^{\infty}(-1)^{n-1}\dfrac{\left(x + \frac{\pi}{4}\right)^{2n-1}}{(2n-1)!} + \dfrac{\sqrt{2}}{2}\sum_{n=1}^{\infty}(-1)^{n-1}\dfrac{\left(x + \frac{\pi}{4}\right)^{2n-2}}{(2n-2)!} \ (-\infty < x$

$< +\infty)$

习题 9.1

1.（1）$-\dfrac{7}{5}$　　（2）$x^2 y^2 + 2(x - y)$　　（3）xy　　（4）2　　（5）2

2.（1）$\begin{cases} x + y > 0 \\ x - y > 0 \end{cases}$　　　　　　　　　（2）$\begin{cases} x \neq 0 \\ -1 \leqslant y \leqslant 1 \end{cases}$

3.（1）2　　（2）e　　（3）1　　（4）0　　（5）$\dfrac{1}{2}$　　（6）0

4. $\dfrac{1}{3}\pi h \sqrt{l^2-h^2}$

5. （1）连续　　（2）不连续

习题 9.2

1. （1）错误　　（2）错误　　（3）错误　　（4）正确　　（5）错误

2. （1）$\dfrac{1}{xy^2}$；-2　　（2）1；2　　（3）$\dfrac{\pi^2}{e^2}$　　（4）1

3. （1）$6x^2+6y$；$12y^2$；6　　（2）$\dfrac{2xy}{(x^2+y^2)^2}$；$\dfrac{-2xy}{(x^2+y^2)^2}$；$\dfrac{x^2-y^2}{(x^2+y^2)^2}$.

4. $f'_x(0,0)=0,\ f'_y(0,0)=0$；不可微

5. 略

6. $F(0,1,1)=0,\ F'_x(0,1,1)=2\neq 0,\ F'_y(0,1,1)\neq 0$，方程在点$(0,1,1)$的邻域内能确定函数 $x=x(y,x)$ 和 $y=y(x,z)$.

$$\frac{\partial x}{\partial y}=-\frac{x+\dfrac{z}{y}}{y+ze^{xz}}=-\frac{xy+z}{y(y+ze^{xz})};\quad \frac{\partial x}{\partial z}=-\frac{xe^{xz}+\ln y}{y+ze^{xz}};$$

$$\frac{\partial y}{\partial x}=-\frac{y+ze^{xz}}{x+\dfrac{z}{y}}=-\frac{y(y+ze^{xz})}{xy+z};\quad \frac{\partial x}{\partial z}=-\frac{xe^{xz}+\ln y}{x+\dfrac{z}{y}}=-\frac{y(xe^{xz}+\ln y)}{xy+z}.$$

习题 9.3

1. （1）D　（2）A　（3）A　（4）C

2. （1）$\dfrac{2(-y\,dx+x\,dy)}{(x-y)^2}$　　　（2）$y(1+x)^{y-1}\,dx+(1+x)^y\ln(1+x)\,dy$

（3）$-\left(\sqrt{\dfrac{z}{x}}\,dx+\sqrt{\dfrac{z}{y}}\,dy\right)$　　（4）-0.125

3. （1）$dz=y^2x^{y^2-1}\,dx+2yx^{y^2}(\ln x)\,dy$　　（2）$dz=\dfrac{1}{x}e^{\sin\frac{y}{x}}\cos\dfrac{y}{x}\left(-\dfrac{y}{x}\,dx+dy\right)$

4. $dz=\dfrac{1+(x-1)e^{z-y-x}}{1+xe^{z-y-x}}\,dx+dy$

5. 0.96

6. $55.3\ \text{cm}^3$

习题 9.4

1. （1）A　　（2）A　　（3）A　　（4）D

2. （1）$-\dfrac{1+2xe^{-(x^2+y^2+z^2)}}{1+2ze^{-(x^2+y^2+z^2)}}$　　（2）$\dfrac{2xy}{e^y-x^2}$　　（3）$-\dfrac{x}{y}$

（4）$\dfrac{\partial z}{\partial x}=3u^2y^x\ln y=3u^3\ln y,\ \dfrac{\partial z}{\partial y}=3u^2xy^{x-1}=\dfrac{3u^3x}{y}$

3. （1）设 $u=e^{xy}$，$v=x^2+y^2$，则 $z'_x=ye^{xy}\dfrac{\partial z}{\partial u}+2x\dfrac{\partial z}{\partial v}$，$z'_y=xe^{xy}\dfrac{\partial z}{\partial u}+2y\dfrac{\partial z}{\partial v}$

（2）设 $u=xy$，$v=xyz$，则 $\dfrac{\partial w}{\partial x}=y\dfrac{\partial w}{\partial u}+yz\dfrac{\partial w}{\partial v}+\dfrac{\partial f}{\partial x}$，$\dfrac{\partial w}{\partial y}=x\dfrac{\partial w}{\partial u}+xz\dfrac{\partial w}{\partial v}$，$\dfrac{\partial w}{\partial z}$

$=xy\dfrac{\partial w}{\partial v}$

4. $\dfrac{\mathrm{d}y}{\mathrm{d}x} = \dfrac{e^2 - 2xy}{x^2 - \cos y}$

5. 1

6. $\dfrac{\partial z}{\partial x} = \dfrac{2x}{f'(u) - 2z}$，这里，$u = \dfrac{z}{y}$

习题 9.5

1. (1) A　　(2) B　　(3) B　　(4) D

2. (1) $\dfrac{x-1}{3} = \dfrac{y-1}{5} = \dfrac{z-3}{-1}$　　(2) $\dfrac{2}{\sqrt{7}}$　　(3) 2　　(4) $x = \dfrac{y-3}{-4} = \dfrac{z+10}{9}$

3. $\dfrac{x+18}{21} = \dfrac{y-3}{-2} = \dfrac{z+13}{11}$

4. $2x + 4y - z = 1 + \dfrac{3\pi}{2}$

5. $2x - 11y - z + 6 = 0$

6. $2x + y - 3z + 6 = 0$ 和 $2x + y - 3z - 6 = 0$

习题 9.6

1. 最小值 $z(-3, -1) = -33$，最大值 $z(1, 1) = 7$.

2. 最大值 $f(\dfrac{\sqrt{3}}{2}, -\dfrac{1}{2}) = 1 + \dfrac{\sqrt{3}}{3}$，最小值 $f(-\dfrac{\sqrt{3}}{2}, -\dfrac{1}{2}) = 1 - \dfrac{\sqrt{3}}{3}$

3. 斜边为 a 而且周长最大的直角三角形为腰长为 $\dfrac{\sqrt{2}}{2}a$ 的等腰直角三角形.

4. 极小值为 $f(\dfrac{2}{3}, -\dfrac{2}{3}, \dfrac{2}{3}) = -\dfrac{8}{27}$.　　5. $\dfrac{1}{4}$　　6. $\dfrac{8a^3}{3\sqrt{3}}$

习题 10.1

1. (1) C　　(2) B　　(3) B　　(4) B

2. (1) 2　　(2) $\dfrac{1}{6}\pi a^3$　　(3) $\dfrac{2}{3}\left(\dfrac{\pi}{2} - \dfrac{2}{3}\right)a^3$　　(4) $0 \leqslant I \leqslant 2$

3. 提示: 利用重积分的中值定理

4. 略

习题 10.2

1. (1) $\displaystyle\int_{-1}^{2}\mathrm{d}x \int_{x^2}^{x+2} f(x, y)\mathrm{d}y$　　(2) $\left(\dfrac{1}{a^2} + \dfrac{1}{b^2}\right)\dfrac{\pi R^4}{4}$　　(3) $\sqrt[3]{\dfrac{3}{2}}$

(4) 2　　(5) $\displaystyle\int_{-\frac{\pi}{2}}^{\frac{\pi}{2}}\mathrm{d}\theta \int_{0}^{2\cos\theta} F(r, \theta)\mathrm{d}r$　　(6) $\dfrac{153}{20}$　　(7) $\dfrac{8}{15}$　　(8) 0

2. (1) $\displaystyle\int_{0}^{1}\mathrm{d}x \int_{-\sqrt{1-y^2}}^{\sqrt{1-y^2}} f(x, y)\mathrm{d}y$　　(2) $\displaystyle\int_{0}^{1}\mathrm{d}x \int_{y}^{\sqrt{y}} f(x, y)\mathrm{d}y$　　(3) $\displaystyle\int_{0}^{1}\mathrm{d}y \int_{\arcsin y}^{\pi - \arcsin y} f(x, y)\mathrm{d}x$

(4) $\displaystyle\int_{0}^{1}\mathrm{d}y \int_{\sqrt{y}}^{\sqrt{2-y^2}} f(x, y)\mathrm{d}x$　　(5) $\displaystyle\int_{0}^{1}\mathrm{d}x \int_{-\sqrt{x}}^{\sqrt{x}} f(x, y)\mathrm{d}y + \int_{1}^{4}\mathrm{d}x \int_{x-2}^{\sqrt{x}} f(x, y)\mathrm{d}y$

3. (1) $\dfrac{8}{3}$　　(2) -2　　(3) $\dfrac{1}{12}$

4. (1) $\dfrac{\pi a^2}{4} + 2a^2\pi$　　(2) $\dfrac{\pi}{2}$　　(3) $-6\pi^2$

习题 10.3

1. 略   2. $2\pi a^2$ 3. $\dfrac{16}{3}a^3; 16a^2$ 4. 6π 5. $\dfrac{17}{6}$

6. $\left(\dfrac{2}{5}a, \dfrac{2}{5}a\right)$ 7. $\dfrac{1}{4}\pi a^3 b$

4. 提示： $V = \iint\limits_{D}[(6-2x^2-y^2)-(x^2+2y^2)]\mathrm{d}\sigma = \iint\limits_{D}(6-3x^2-3y^2)\mathrm{d}\sigma$

$$= 12\int_0^{\sqrt{2}}\mathrm{d}x\int_0^{\sqrt{2-x^2}}(2-x^2-y^2)\mathrm{d}y = 8\int_0^{\sqrt{2}}\sqrt{(2-x^2)^3}\,\mathrm{d}x = 6\pi.$$

5. 提示： $V = \iint\limits_{D}(6-x^2-y^2)\mathrm{d}\sigma = \int_0^1\mathrm{d}x\int_0^{1-x}(6-x^2-y^2)\mathrm{d}y = \dfrac{17}{6}.$

6. 解   建立坐标系,使薄片在第一象限,且直角边在坐标轴上.薄片上点(x,y)处的函数为 $\mu(x,y)=x^2+y^2$. 由对称性可知 $\bar{x}=\bar{y}$.

$$M = \iint\limits_{D}\mu(x,y)\mathrm{d}x\mathrm{d}y = \int_0^a\mathrm{d}x\int_0^{a-x}(x^2+y^2)\mathrm{d}y = \dfrac{1}{6}a^4,$$

$$\bar{x}=\bar{y} = \dfrac{1}{M}\iint\limits_{D}x\mu(x,y)\mathrm{d}x\mathrm{d}y = \dfrac{1}{M}\int_0^a x\,\mathrm{d}x\int_0^{a-x}(x^2+y^2)\mathrm{d}y = \dfrac{2}{5}a,$$

薄片的质心坐标为 $\left(\dfrac{2}{5}a, \dfrac{2}{5}a\right)$.

7. 解 积分区域 D 可表示为

$$-a \leqslant x \leqslant a, -\dfrac{b}{a}\sqrt{a-x^2} \leqslant y \leqslant \dfrac{b}{a}\sqrt{a-x^2},$$

于是 $I_y = \iint\limits_{D}x^2\mathrm{d}x\mathrm{d}y = \int_{-a}^{a}x^2\mathrm{d}x\int_{-\frac{b}{a}\sqrt{a^2-x^2}}^{\frac{b}{a}\sqrt{a^2-x^2}}\mathrm{d}y = \dfrac{2b}{a}\int_{-a}^{a}x^2\sqrt{a^2-x^2}\,\mathrm{d}x = \dfrac{1}{4}\pi a^3 b.$

提示：$\displaystyle\int_{-a}^{a}x^2\sqrt{a^2-x^2}\,\mathrm{d}x \xrightarrow{x=a\sin t} \dfrac{a^4}{2}\int_0^{\frac{\pi}{2}}\sin^2 2t\,\mathrm{d}t = \dfrac{\pi}{8}a^4.$

习题 11.1

1. (1) x 轴   (2) yOz 面   (3) 第 Ⅷ 卦限   (4) 第 Ⅵ 卦限

(5) 第 Ⅴ 卦限   (6) 第 Ⅲ 卦限

2. (1) $(0,2,-3)$ $(0,-2,3)$ $(0,2,-3)$

(2) $(4,1,6)$ $(-4,-1,6)$ $(-4,1,-6)$

(3) $(-1,0,2)$ $(1,0,-2)$ $(1,0,2)$

3. 略

习题 11.2

1. (1) a 与 b 同向   (2) a 与 b 反向

2. $3u-2v = 4a+7b-12c$ $2u+4v = 8a-6b+8c$

3. $|a+b| = 2\sqrt{3}$ $|a-b| = 2$

习题 11.3

1. $2\overrightarrow{AB}-3\overrightarrow{AC} = \{1,-13,2\}$ $\overrightarrow{AB}+\overrightarrow{BC}+\overrightarrow{CA} = \{0,0,0\}$

2. (1) $\{-4,2,-2\}$ (2) $\{-3,-2,2\}$ (3) $\{-1,11,-16\}$

(4) 3   (5) $\sqrt{77}$

3. $\overrightarrow{AB^0} = \dfrac{\sqrt{35}}{35}\{-5,3,-1\}$

4. $|\boldsymbol{a}| = 2$

$\cos\alpha = -\dfrac{\sqrt{2}}{2}$ $\cos\beta = -\dfrac{1}{2}$ $\cos\gamma = -\dfrac{1}{2}$

$\alpha = \dfrac{3}{4}\pi$ $\beta = \dfrac{2}{3}\pi$ $\gamma = \dfrac{2}{3}\pi$

习题 11.4

1. $\boldsymbol{a} \cdot \boldsymbol{b} = -19$ $\boldsymbol{a} \times \boldsymbol{b} = \{-7,1,3\}$

2. $\pm\dfrac{\sqrt{21}}{21}\{2,-1,-4\}$

3. $\dfrac{\pi}{2}$

4. $\dfrac{3}{2}$

习题 11.5

1. $2x+2y+z-9=0$
2. $4x+5y+2z-4=0$
3. $x+y+z-2=0$
4. $3y-2z=0$
5. $y-z+4=0$

习题 11.6

1. $\dfrac{x-1}{4} = \dfrac{y-2}{3} = \dfrac{z-1}{2}$

2. $\dfrac{x-5}{3} = \dfrac{y-4}{3} = \dfrac{z-5}{2}$

3. 讨论直线在平面内

4. $\dfrac{x-3}{4} = \dfrac{y}{-1} = \dfrac{z+2}{-3}$

5. $\dfrac{\pi}{4}$

参考文献

[1] 同济大学应用数学系. 高等数学(下册)[M]. 第五版. 北京:高等教育出版社,2002.

[2] 崔西玲. 经管类高等数学[M]. 第一版. 北京:高等教育出版社,2006.

[3] 龚成通. 大学数学应用题精讲[M]. 第一版. 上海:华东理工大学出版社,2006

[4] 胡农. 高等数学(下册)[M]. 第一版. 北京:高等教育出版社,2006.

[5] 邢春峰,李平. 应用数学基础[M]. 第一版. 北京:高等教育出版社,2008.

[6] 冯翠莲,赵益坤. 应用经济数学[M]. 第一版. 北京:高等教育出版社,2008.

[7] 李亚杰. 简明微积分[M]. 第二版. 北京:高等教育出版社,2009.

[8] 沈跃云,马怀远. 应用高等数学[M]. 第一版. 北京:高等教育出版社,2010.

[9] 侯风波. 高等数学[M]. 第四版. 北京:高等教育出版社,2014.

[10] 李凤香. 新编经济应用数学[M]. 第六版. 大连:大连理工大学出版社,2014.

[11] 刘严. 新编高等数学(理工类)[M]. 第七版. 大连:大连理工大学出版社,2014.

图书在版编目（CIP）数据

高等数学. 下册 / 高华主编. —杭州：浙江大学
出版社，2017.2
ISBN 978-7-308-16677-5

Ⅰ. ①高… Ⅱ. ①高… Ⅲ. ①高等数学－高等职业教
育－教材 Ⅳ. ①O13

中国版本图书馆 CIP 数据核字（2017）第 018845 号

高等数学（下册）

主编　高　华

责任编辑	王　波
责任校对	徐　霞
封面设计	春天书装
出版发行	浙江大学出版社
	（杭州市天目山路 148 号　邮政编码 310007）
	（网址：http://www.zjupress.com）
排　版	杭州好友排版工作室
印　刷	嘉兴华源印刷厂
开　本	787mm×1092mm　1/16
印　张	8
字　数	195 千
版 印 次	2017 年 2 月第 1 版　2017 年 2 月第 1 次印刷
书　号	ISBN 978-7-308-16677-5
定　价	20.00 元